TURING 图灵新知

代数奇思

写给青少年的数学故事

陈永明 著
刘思远 绘

上

U0213085

人民邮电出版社

北　京

图书在版编目（CIP）数据

写给青少年的数学故事. 上，代数奇思 / 陈永明著 ；
刘思远绘. -- 北京：人民邮电出版社，2021.1
（图灵新知）
ISBN 978-7-115-55059-0

Ⅰ．①写… Ⅱ．①陈… ②刘… Ⅲ．①代数－青少年
读物 Ⅳ．①01-49

中国版本图书馆CIP数据核字(2020)第207612号

内 容 提 要

代数是重要的数学分支，本书不仅涉及经典的代数知识，如数、式、方程、函数、数列和极限，而且探讨了概率、集合、逻辑、组合、算法、密码学和混沌学等近现代数学元素。一篇篇小短文横跨古今，介绍中外数学研究故事和名人趣事，渗透了反推、例证、奇偶校验、"跷跷板"等数学思维方法，发掘数学史和日常生活中的有趣故事，展现了数学的奇妙之处。本书适合小学高年级学生和中学生阅读，热爱数学的大众读者也能从中受益。

◆ 著　　　　陈永明
　　绘　　　　刘思远
　　责任编辑　戴　童
　　责任印制　周昇亮

◆ 人民邮电出版社出版发行　　北京市丰台区成寿寺路 11 号
　　邮编　100164　　电子邮件　315@ptpress.com.cn
　　网址　https://www.ptpress.com.cn
　　固安县铭成印刷有限公司印刷

◆ 开本：880×1230　1/32
　　印张：12.125　　　　　　　2021 年 1 月第 1 版
　　字数：272 千字　　　　　　2025 年 1 月河北第 18 次印刷

定价：69.00元

读者服务热线：(010)84084456-6009　印装质量热线：(010)81055316
反盗版热线：(010)81055315
广告经营许可证：京东市监广登字 20170147 号

自　序

现在有不少青少年崇拜明星，我起初对此不是很理解，于是问了一位年轻朋友："这位明星到底有什么地方吸引你？"这位年轻朋友瞪着一双大眼睛，注视了我好久，最后反问一句："难道你年轻的时候没有偶像吗？"我回答说："我当年喜欢、尊敬的是科学家。"

这段对话虽然简短，却深深地反映了我和一部分年轻人之间的代沟。

在我求学的时代，全国推广了"向科学进军"的活动，祖冲之、门捷列夫、居里夫人等科学家成为我们当年崇拜的人物。那时，大家爱读科普书，如《十万个为什么》《趣味代数学》《趣味几何学》。同时，全国各地举办科学展览，我们也组织科学故事会，这些活动在我们那一代青年人心中种下了科学的种子。

遗憾的是，当年由于种种原因，鲜有国内作家的科普作品。其实在 1949 年之前，刘薰宇等人写了不少数学科普书。20 世纪五六十年代，为了推动中学生数学竞赛，一些著名的数学家为中学生做讲座。后来，这些讲座的内容被整理成书，并得以出版。这些作品深深地影响了一代人。

在这些科普作品中，最值得推崇的就是华罗庚先生的作品。他写了《从杨辉三角谈起》《从孙子的神奇妙算谈起》等著作，深受学生们的喜爱。华老作品的难度起点往往很低。他常常先提出一个简单的问题或介绍一种"笨办法"，之后娓娓道来，把数学内容一一讲清楚，最后一个"点睛之笔"，讲明这个问题与高等数学中某个深奥的知识点其实是一脉相承的。华老还会把数学史故事融合到讲座中去，有时还会赋诗一首。他的书成为数学科普读物的精品和典范。当年我刚参加工作，华老的书让我爱不释手。我那时就想：我也要学习写科普作品。于是，我无论遇到何种困难，多年来仍从不间断地阅读科普书籍。后来，我应出版社之邀开始写作，就一发不可收，写下了《等分圆周漫谈》《1+1=10——漫谈二进制数》《循环小数探秘》《漫谈近似分数》《"集合"就在你身边》《"数学脑袋"探秘》等作品。

数学科普作品不该总摆出一副"老面孔"，应该适当结合时代的发展。当然，新的数学成果往往很艰深，比起生物、物理等学科，尖端的数学知识更难于传授，但我们还是应该尽力而为。我在多年前写过一些作品，但随着时间流逝，科学在飞速地发展，如今又出现了很多新的素材。这次出版的《写给青少年的数学故事（上）：代数奇思》和《写给青少年的数学故事（下）：几何妙想》两本书，实际上是对之前作品的一次重塑：我修订了一些问题，也补充了一些新内容，目的是再现经典的数学故事，并尽量以读者们能够读得懂的方式，展现新的数学研究成果。希望大家能够喜欢。

最后，希望大家喜欢数学，热爱数学！

陈永明，2020 年 8 月，时年 80 岁

目　　录

式和方程

函 数

数列和极限

第六篇

概 率

集合、逻辑、组合等

第一篇

有理数

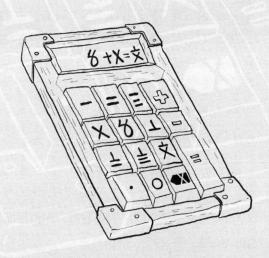

从"苏州码"谈起：穿越历史看记数

先一起来学习苏州码

北京史家小学教师刘伟男曾在期刊《小学数学教师》上发表过一篇文章《拾遗"苏州码"》。此前，刘老师在苏州大学参加了一次研修活动，其间参观了苏州博物馆，并将所见所闻转化为一节精彩的数学课。原来，她在苏州博物馆里见到了一种古代的记数法。在这个记数法中，0, 1, 2, 3,…, 9 是这样表示的（图1）。

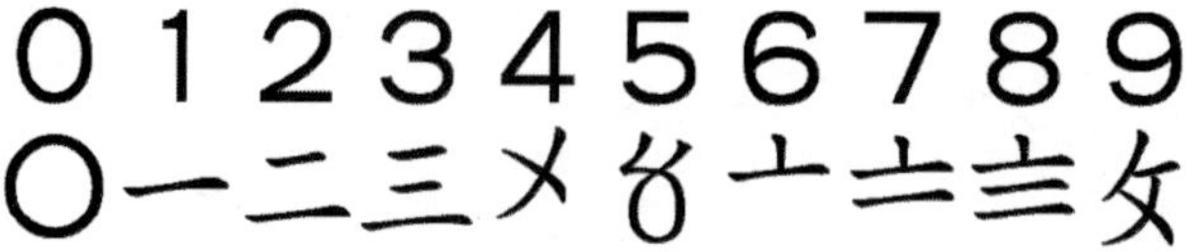

图 1

在阿拉伯数字传入我国并普及以前，"苏州码"是我国用来记录数量的一套科学成熟的记数符号，曾经在民间广泛存在和应用，是我国民间文化的独特遗产。那么，有人要问：我国古代不是有一套在筹算基础上发展起来的记数法吗？怎么又会有一套苏州码呢？其实，在古代，交通、通信都很不方便，如同各个地区有各自的方言一样，记数法也不是完全统一的。

苏州码中既有算筹的痕迹，如 1、2、3 的记法，也有其独特之处，譬如用"乂"来记录4，是取其四面分叉的意思。又如，古代，人们在绳子上打结来记录数量，叫作结绳计数。"ƍ"的形状酷似结绳，满5打一个结。

古人后来多用算盘，因此苏州码也有算盘的痕迹。"〢"上面的一点，就像算盘上档的一个珠子，这一点就表示 5，所以："〤"是 5 + 1，表示 6；"〥"是 5 + 2，表示 7；"〦"是 5 + 3，表示 8；"〧"是 5 + 4，表示 9（上面一点是 5，下面的大叉是 4）。此外，因为古人常用毛笔写字，习惯从左上角起笔，顺时针方向旋转书写，所以表示 9 的这个符号后来就写成了"攵"。

苏州码有两个特别之处，一个是使用了位值制，它比罗马数字先进了不知道多少，另一个是使用了 0。为此，应该为我们的祖先点个赞！

民间其他记数法

苏州码是公开了的记数法。其实民间还有很多其他记数法，特别是在一些特殊场合——人们不想让局外人知晓，只在自己人间交流，于是特殊的秘密记数法就产生了。谈祥柏先生的著作里就介绍过几种记数法。譬如，过去有的当铺是这样记数字的（表 1）。

表 1

由	中	人	工	大	天	夫	井	羊	非
1	2	3	4	5	6	7	8	9	10

这里有什么道理？看每个字"出头"的笔画数，譬如"由"字的一竖上端"出头"了，"中"字的一竖上下都出头了……他们是怎么想出来的，而且还真找到了 10 个字，不同的出头笔数对应了不同的数字。高，高，实在是高！给这个方法起个名字吧，叫它什么好呢？就叫"出头法"吧。

而轿夫使用的记数法是这样的（表 2）。

表 2

挖	竺	春	罗	悟	交	化	翻	旭	田
1	2	3	4	5	6	7	8	9	10

在这个记数法中，有的字容易理解，譬如"竺"下面是"二"字，代表 2；"春"有三条横，代表 3；"罗"上面是"四"字，代表 4；"悟""交""化""旭""田"字里分别有"五""六""七""九""十"的成分，分别代表 5、6、7、9、10；但是"挖"和"翻"较难解释。其实，"挖"里有"乙"的成分，它和"一"是谐音，代表 1；"翻"里有八个点，代表 8。

米行的记数法（表 3）很有意思，这实际上是一种"切口"，也就是只有自己人能听懂的词语。

表 3

且底	断工	眠川	横目	缺丑	断大	皂底	分头	丸空	田心
1	2	3	4	5	6	7	8	9	10

"且"的底，不就是"一"吗？"工"断开了，当然是"二"啦；"川"字眠了，就是躺倒睡下了（这"眠"字用得真雅），不就变成"三"了？"目"横过来，就是"四"；"丑"字右上角缺了一小段，就成了"五"。后面几个数字比较容易理解，这里就不多费口舌了。

这两种方法大致可以称为"成分法"，譬如"七"就是"皂"的一个成分。乖乖！不是这行里的人，哪怕是数学硕士、博士，看了还真是一笔糊涂账。

全九数

我"擅自"把由 1, 2, 3, ..., 9 这 9 个数组成的任意九位数命名为"全九数"。全九数有多少个呢？我们不如这样想：从第一位（我们暂定最高位，即亿位是第一位）可以是 1, 2, 3, ..., 9 这 9 种可能。比如一个全九数的第一位数字是 1 的话，那么第二位只能是 2, 3, ..., 9 这 8 种可能；而第三位只剩下 7 种可能……因此，全九数共有

$$9 \times 8 \times 7 \times 6 \times 5 \times 4 \times 3 \times 2 \times 1 = 362\ 880\ （个）$$

这个积可以记作 9!，即 9 的阶乘。

在这 36 万多个全九数中，有一个数非常特别：其第一位上的数是 1 的倍数（这不稀奇，无论哪个数占据第一位，它都是 1 的倍数），前两位构成的数是 2 的倍数（这还可以凑凑，要是能被 2 整除的话，那该数肯定是偶数），前三位构成的数是 3 的倍数（这就难点儿了……），前四位构成的数是 4 倍数（哎呀，更难了），前八位构成的数是 8 的倍数（呜呜，真不知该怎么凑了），最后，整个数是 9 的倍数（彻底放弃！）。总之，该数的前几位所构成的数都是另一个正整数的倍数。这究竟是怎样的一个数呢？

我们先讲一个关于这个特殊全九数的惊心动魄的故事吧。有一位富人不幸遇害，存折里的存款被洗劫一空。可凶手是怎么知道账户的密码？警官调查后得知，受害人曾与众人吹嘘，自己的银行密码是从中国古代数学里提炼出来的一个数。这个数的各位数

字都不同，其第一位上的数是 1 的倍数，前两位构成的数是 2 的倍数，前三位构成的数是 3 的倍数……有人听说后，就盯上了他。罪犯是如何思考并猜到密码的呢？首先，他必须确定银行密码是几位数。既然这个密码是从中国古代数学中提炼出来的，那么中国古代数学中有什么独特的数呢？这可能是从八卦里提炼的，也可能是从"勾三、股四、弦五"中提炼出来的……罪犯可能凑了凑，都没有结果。后来，他想到了"河图洛书"，也就是三阶幻方。如果这就是答案所藏之处，那么密码是一个九位数的可能性最大！中国古人喜欢数 9，我们祖先创造的河图洛书就是由 1 到 9 这 9 个数字组成的图案。那么，不如先假设这个密码是一个九位数。

这道题可不容易啊，但罪犯倒不嫌麻烦，经过反复验算，他终于弄清楚了，这个神奇的数是这样一个全九数：381 654 729。不信？我们试试。

第一位数：3÷1=3，

前两位数：38÷2=19，

前三位数：381÷3=127，

接下去：

3816÷4=954，38 165÷5=7633，381 654÷6=63 609，
3 816 547÷7=545 221，38 165 472÷8=4 770 684，
381 654 729÷9=42 406 081。

验证正确！想必罪犯当时一定欣喜若狂，但之后却干出了伤天害理的勾当，最终逃不过法律的严惩。所以说，一个人光有丰富的知识和聪明的头脑是不够的，更重要的是，不能忘记遵纪守法啊。

华罗庚的生日题

华罗庚是世界闻名的数学家，你知道他的生日吗？一般人查了资料以后才会知道，但也有人知道，譬如他的家人、工作单位和户籍部门。有趣的是，他的生日竟然出现在了数学竞赛题中。

有一道竞赛训练题，题目本身比较复杂，其中一个环节是把一个八位数分解质因数。这个八位数是怎样的一个数呢？它是 19 101 112，代表了华罗庚先生的生日。原来华先生生于 1910 年 11 月 12 日。

对于这道题，我们首先可以用 2 试，不难发现这个数有 3 个质因数 2。19 101 112 除以 2^3 之后得 2 387 639。接下去，检验这个数是不是 3 的倍数，由于它的数字和 $2 + 3 + 8 + 7 + 6 + 3 + 9 = 38$ 不是 3 的倍数，可见 2 387 639 不含质因数 3。再接下去，检验它是不是 5 的倍数——显然不是。

2、3、5 的倍数的规律比较简单，竞赛题当然不会这么简单。接下来，应该试试它有没有质因数 7、11、13。

7 的倍数的特征是：将个位数字截去（截尾），再从余下的数中减去个位数的 2 倍（倍尾，相减），如果差是 7 的倍数（验差），那么原数是 7 的倍数。如果截尾后的数还是很大，可以重复截尾、倍尾、相减、验差的过程。

用这个截尾法，将 2 387 639 截尾得 238 763，再倍尾、相减，

得 $238\,763 - 2 \times 9 = 238\,745$。数还是太大，那就继续试……最后我们可以发现，原数不包含质因数 7。

有读者会问：这个方法的根据何在？我们不妨假定原数是个三位数，为 $100a + 10b + c$，截尾得 $10a + b$，倍尾得 $2c$，相减得 $10a + b - 2c$。假如它是 7 的倍数，那么

$$10a + b - 2c = 7n,$$

此时当然有

$$10 \times (10a + b - 2c) = 70n,$$

展开后得

$$100a + 10b - 20c = 100a + 10b + c - 21c = 70n,$$

于是，原数为

$$100a + 10b + c = 70n + 21c,$$

它肯定是 7 的倍数。

再接下去，应该找原数有没有质因数 11 和 13。

11 的倍数的特征是：将奇数位数字之和与偶数位数字之和相减，如果差是 11 的倍数，那么原数就是 11 的倍数。也可以用类似 7 的倍数的截尾法，不过倍尾的方法不同，不是乘以 2，而是乘以 1。

验证某数是否为 13 的倍数仍可以用截尾法，不过倍尾的方法不同，不是乘以 2，而是乘以 4。

　　糟糕，经过试验，我们发现原数不是 11 或 13 的倍数。到此，你就一筹莫展了吧？有的成年人甚至做不下去了，但是曾经有几个小孩子竟然可以做出来：

$$19\,101\,112 = 8 \times 1163 \times 2053。$$

　　傻眼了吧！1163 和 2053，谁能只用纸笔就可以得到两个这么大的因数？这些人是神童吗？是不是另有奥秘？原来，这几个小孩子在受数学训练时，早就背过了这种分解质因数。

少年博士的年龄

有一年，在哈佛大学的一次博士学位授予仪式上，大会主席看到一位一脸稚气的少年，就怀疑他是不是哪位参加会议的人带来的。询问一番，大会主席才知道这位少年竟是这次仪式上即将被授予学位的博士。主席大为惊讶，于是就问少年："你几岁了？"

不料，少年的回答竟是一道题目："我的岁数的立方是个四位数，岁数的四次方是个六位数。这两个数刚好把 10 个数字 0、1、2、3、4、5、6、7、8、9 全都用上了，不重不漏。"在场的人纷纷拿出纸笔开始计算，大多数人被难住了。怎么解？

首先，21 的立方是四位数，而 22 的立方已经是五位数了，所以少年的年龄最多是 21 岁；同理，18 的四次方是六位数，而 17 的四次方则是五位数了，所以少年的年龄至少是 18 岁。这样，他的年龄只可能是 18、19、20、21 这四个数中的一个。接下去就要验证了。

20 的立方是 8000，有 3 个重复数字 0，不合题意；同理，19 的四次方等于 130 321，21 的四次方等于 194 481，都不合题意。

最后只剩下 18，它是不是正确答案呢？验算一下，18 的立方等于 5832，四次方等于 104 976，恰好"不重不漏"地用完了 10 个阿拉伯数字。

这位少年博士是谁呢？他就是 20 世纪美国数学家、控制论的奠基人诺伯特·维纳（1894—1964）。他从小就智力超常，3 岁时就能读写，14 岁时就大学毕业了，18 岁时获得博士学位。

数学家的 42 号 T 恤衫

篮球界有一位杰出的球星——迈克尔·乔丹，他是美国职业篮球联赛（简称 NBA）的得分王，被球迷称为"飞人"。球迷爱屋及乌，喜欢他的一切。他身穿 23 号球衣，于是球迷们也以穿 23 号的运动衫为傲。

现在，数学界也出现了一件印着号码"42"的 T 恤。这是怎么回事呢？是不是又出现了一个飞人——乔丹二世？不是的。

2019 年的一天，有人在网站上贴出一个等式：

$$42 = (-80\ 538\ 738\ 812\ 075\ 974)^3$$
$$+ 80\ 435\ 758\ 145\ 817\ 515^3$$
$$+ 12\ 602\ 123\ 297\ 335\ 631^3。$$

菲尔兹奖得主蒂莫西·高尔斯看到这个结果很兴奋，就转发了这个结果。可见，这是一个大新闻。是的，原来这是一个三四十年来一直悬而未决的问题。找到这个等式的数学家是来自英国布里斯托大学的安德鲁·布克和来自美国麻省理工学院的安德鲁·萨瑟兰。

由于解决了这个问题，布克很兴奋，特地制作了一件印有"42"的 T 恤，穿着它出席各种采访活动。当然，数学家和数学爱好者也有自己的小圈子，不会有那么多"数迷"跟着他穿 42 号 T 恤，当年乔丹的 23 号球衣风靡全球的情景是不可能再现的，这不过是数学家自得其乐而已。

我们来回顾一下这个课题的来龙去脉。

1957 年，英国数学家莫德尔曾经提出一个问题：哪些正整数可写成三个立方数之和？这三个数可正、可负，也可以等于 0。这就是"三立方和问题"。

1992 年，英国牛津大学的罗杰·西斯-布朗提出一个猜想：所有整数都可以用无穷多种不同方式写成三个立方数的和。数学家们基本认可他的观点，但如何找到把某个整数写成三个立方数之和的方法？

2000 年，美国哈佛大学的诺姆·埃尔吉斯提出了一个实用的算法，成功找到了许多较小整数的立方和的算式。

直到 2015 年，数学家蒂姆·布朗宁发布了一段关于这个问题的视频。在视频的号召和启发之下，研究进展很快，小于 100 的整数几乎都被解决了，只剩下 33、42 和 74 这三个数。于是，数学家们开始围攻这三只"拦路虎"。几个月后，桑德尔·休斯曼找到了立方和是 74 的整数解：

$$74 = (-284\,650\,292\,555\,885)^3$$
$$+\,66\,229\,832\,190\,556^3$$
$$+\,283\,450\,105\,697\,727^3。$$

布朗宁又录制了一段关于休斯曼解决 74 的整数解的视频，恰好被另一位数学家——英国布里斯托大学的安德鲁·布克看到了。布克提出了一种新算法，能更有效地找到一个特定整数的解。

2019 年 2 月 27 日，布克公布了立方和为 33 的整数解。最后，42 也被解决了。这意味着，100 以内任何一个自然数的立方和整数解全部被找到了。到现在为止，1000 以内还没找到解的整数仅剩下 114、165、390、579、627、633、732、906、921、975。

你有没有兴趣试一试？

蛇蜕皮

有时候，我们会在荒地上见到一条白白的蛇皮，与其说这是蛇的皮，不如说这是蛇的"壳"。真的蛇皮有韧性，可以制作成二胡、三弦上的共鸣器。据说，一条蛇从小到大要蜕好几次皮。有些昆虫也有类似的现象，譬如，蝉要蜕壳之后才能飞，成语"金蝉脱壳"说的就是这种现象。其实，数学里也有类似蜕皮、蜕壳的现象。

我们给出两组数：

$$123\ 789，561\ 945，642\ 864；$$
$$242\ 868，323\ 787，761\ 943。$$

这两组数有什么稀奇吗？确实没什么可稀奇的，只不过它们的和相等而已：

$$123\ 789 + 561\ 945 + 642\ 864 = 1\ 328\ 598，$$
$$242\ 868 + 323\ 787 + 761\ 943 = 1\ 328\ 598。$$

另外，它们的平方和也相等：

$$123\ 789^2 + 561\ 945^2 + 642\ 864^2 = 242\ 868^2 + 323\ 787^2 + 761\ 943^2。$$

这已经有点儿稀奇了吧。但这不算什么，还有更让你吃惊的。

把这六个数动一下手术——掐头，就是把左边第一位数字都删去，那么它们变成了：

$$23\ 789，61\ 945，42\ 864；$$
$$42\ 868，23\ 787，61\ 943。$$

六位数都变成五位数了，好像蜕了一层皮。这时再分别求和：

$$23\ 789 + 61\ 945 + 42\ 864 = 128\ 598，$$
$$42\ 868 + 23\ 787 + 61\ 943 = 128\ 598。$$

啊，两组新数的和也相等！算一算它们的平方和，竟然也相等：

$$23\ 789^2 + 61\ 945^2 + 42\ 864^2 = 42\ 868^2 + 23\ 787^2 + 61\ 943^2。$$

有意思了吧！这还不算厉害，我们再掐头，五位数变成四位数：

$$3789，1945，2864；$$
$$2868，3787，1943。$$

它们的和、平方和竟然仍然相等：

$$3789 + 1945 + 2864 = 2868 + 3787 + 1943，$$
$$3789^2 + 1945^2 + 2864^2 = 2868^2 + 3787^2 + 1943^2。$$

再掐头，就变成三位数了，这个性质仍然存在；再掐，变成两位数；再掐，变成一位数，这个性质还是得以保留。复杂的计算就免了，我们只看一位数的情形：

$$9 + 5 + 4 = 8 + 7 + 3 = 18，$$
$$9^2 + 5^2 + 4^2 = 8^2 + 7^2 + 3^2 = 122。$$

真厉害！不断"蜕皮"，性质还是保留了下来。不急，还有更厉害的。刚刚是掐头，那么去尾行不行呢？我们试试。

去尾，六位数都变成五位数：

$$12\,378,\ 56\,194,\ 64\,286;$$
$$24\,286,\ 32\,378,\ 76\,194。$$
$$12\,378 + 56\,194 + 64\,286 = 24\,286 + 32\,378 + 76\,194 = 132\,858,$$
$$12\,378^2 + 56\,194^2 + 64\,286^2 = 24\,286^2 + 32\,378^2 + 76\,194^2。$$

再去尾，再去尾……直至变成一位数：

$$1 + 5 + 6 = 2 + 3 + 7 = 12,$$
$$1^2 + 5^2 + 6^2 = 2^2 + 3^2 + 7^2 = 62。$$

这两个性质仍然得以保留。你说稀奇不稀奇？这个问题在数论里叫等幂和问题。

两个怪异的算术游戏

冰雹猜想

有些游戏可以吸引上亿人参与，并使得参与者如痴如醉，譬如魔方就是这么一个游戏。20 世纪 70 年代有一则数学游戏，尽管达不到上亿人参与，但由它引发的参与者的痴迷程度，完全可以与魔方媲美。这个数学游戏就是冰雹猜想，也叫作角谷猜想。当年，在美国多所著名大学里，好多学生像发疯一样夜以继日、废寝忘食地玩这个游戏。后来，就连教师、研究员和大学教授也加入其中。

冰雹猜想有一个通俗的说法：任意给一个自然数 n，如果它是奇数，就将它乘 3 再加 1，即变成 $3n + 1$；如果它是偶数，就将它除以 2，即变成 $\frac{n}{2}$。对任意一个自然数实施上述过程，经过有限步骤后，你猜怎么着？结果殊途同归，最后都是 1。你不信？不妨随便挑几个数来试一试。

若 $n = 70$，则

$$70 \div 2 = 35,$$
$$35 \times 3 + 1 = 106,$$
$$106 \div 2 = 53,$$
$$53 \times 3 + 1 = 160,$$
$$160 \div 2 = 80,$$
$$80 \div 2 = 40,$$

$$40 \div 2 = 20,$$
$$20 \div 2 = 10,$$
$$10 \div 2 = 5,$$
$$5 \times 3 + 1 = 16,$$
$$16 \div 2 = 8,$$
$$8 \div 2 = 4,$$
$$4 \div 2 = 2,$$
$$2 \div 2 = 1。$$

你看，计算过程中的数值一会儿大，一会儿小，经过 14 个回合，最后结果仍然是 1。

再来一个特殊点的例子：$n = 4096$。注意，它是 2 的正整数方幂，于是

$$4096 \div 2 = 2048,$$
$$2048 \div 2 = 1024,$$
$$1024 \div 2 = 512,$$
$$512 \div 2 = 256,$$
$$256 \div 2 = 128,$$
$$128 \div 2 = 64,$$
$$64 \div 2 = 32,$$
$$32 \div 2 = 16,$$
$$16 \div 2 = 8,$$
$$8 \div 2 = 4,$$
$$4 \div 2 = 2,$$
$$2 \div 2 = 1,$$

减半、减半、再减半，最终"飞流直下"，得到 1。

如果你有兴趣，可以试试 $n = 27$。这个数很小，貌不惊人，但计算过程中的数值同样一会儿变大，一会儿变小，上天入地，颠颠倒倒，真符合一句电梯的广告语："上上下下的享受。"如果你不想尝试，我可以把结果告诉你：经过 77 步变换，数值会到达峰值 9232，然后又经过 34 步，跌到谷底值 1。全部变换过程需要 111 步，这个结果是英国剑桥大学教授约翰·康威得到的。在 100 以内的数中，27 的颠簸是最厉害的。

冰雹猜想的特点是，看上去简单，简单到小学生都能懂，一个个摩拳擦掌，但它的证明却极其困难。1992 年，盖里·列文斯和韦尔默朗验证了直至 5.6×10^{13} 的自然数，均未发现反例。但目前为止，对这一猜想的完整证明尚未出现。亲爱的读者，你可不要轻易地陷进去啊！

数字黑洞

这又是一个怪异的算术游戏。任意说出一个三位数，要求其三位数字不能完全相同，也就是不能是形如 222、444 这类数。在这里，我们假定这个三位数是 352。

第一步，将这个三位数的每位数字从大到小重排，得 532；

第二步，将这个三位数的每位数字从小到大重排，得 235；

第三步，将这两个数相减，得 532 − 235 = 297。

对得到的数重复上面的步骤：

$$972 - 279 = 693，$$
$$963 - 369 = 594，$$
$$954 - 459 = 495。$$

再重复，见证奇迹的时刻出现了：

$$954 - 459 = 495，$$

答案还是 495。

这是三位数的游戏。四位数也有类似情形。任意说出一个各位数字不完全相同的四位数，譬如 1234 和 1122 等。我们假定这个四位数是 8080。

第一步，将这个四位数的数字从大到小重排，得 8800；

第二步，将这个四位数的数字从小到大重排，得 0088；

第三步，将这两个数相减，得 8800 - 0088 = 8712。对得到的数 8712 重复上述的步骤，

$$8721 - 1278 = 7443，$$
$$7443 - 3447 = 3996，$$
$$9963 - 3699 = 6264，$$
$$6642 - 2466 = 4176，$$
$$7641 - 1467 = 6174。$$

接下去，怪异的事情发生了：

$$7641 - 1467 = 6174。$$

重排之后两数相减，得到的差还是 6174。可想而知，如果这个游戏继续下去，永远都会得到 6174。

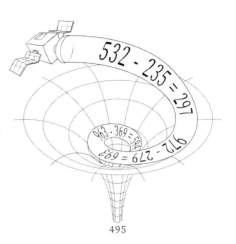

黑洞！这是一个黑洞！不管原先的三位数或四位数是多少，最后它们都掉进 495 或 6174 这个黑洞里面去了。黑洞原本是天文学术语，指的是一种引力场极其强大的天体，就连光也不能从中逃脱。在数学里，竟然也存在这么一个任何数字都逃不出来的"黑洞"。

这个数学游戏名为"卡普雷卡尔黑洞"，也叫"重排求差黑洞"。为什么最后数字都会落进这个"黑洞"？数字黑洞的证明也有一定难度，奉劝大家不要轻易尝试。数学上类似的"黑洞"还有好多，如"123 黑洞""水仙花数黑洞"，等等。

武大郎买到假机票啦

武大郎从一个骗子手里购买了一张飞机票。可是，他在登机时才被告知，这是假票。武大郎好不容易乘坐一次飞机，竟然买到了假票，损失太大了！千把块钱呢，得卖多少个烧饼才能赚回来啊！武大郎本来愉快的心情一下子跌入谷底。

武大郎反复看飞机票，无论材质、颜色、字体、身份证号、机票号……假的机票和真的机票没有区别，看不出问题啊。

武大郎战战兢兢地来到航空公司的机场值班室。值班员扈三娘耐心地给武大郎讲解：问题出在机票的号码上，而且是出在号码最后一位数字上。武大郎一看，这张假票的号码是 87654321。有什么问题呢？

现在的生活中，用到号码的地方太多了。为了防止造假、工作错漏、机器本身的失误……人们都会针对号码本身设置一套校验码系统。而这家航空公司的机票号码的最后一位数字就是校验码，其确定方法是，将机票号码除最后一位数字之外的其他数字组成的数除以 7，所得余数就被确定为最后一位数字。这张假票的号码前 7 位是 8765432，除以 7，余数是 4，但假票上的末位数字是 1，因此可以确定这是一张假票。

扈三娘解释说："骗子不知道我们公司的校验码的设置规则，乱编了一个数，被我们识破了。"

这种校验码设置系统还是最简单的，而信用卡、身份证等使用的号码的校验码更复杂。武大郎心服口服，只能认账……他想：回家多多生产烧饼吧，好把假票的损失补回来。

素数、孪生素数猜想

素数有多少个？

素数也称"质数"，自古以来，数学家高度偏爱素数。简单的素数 2、3、5 很容易找到。早在古希腊时代，人们就发明了筛法，可以轻而易举地找出 100 以内，甚至 1000 以内的素数。于是有人要问：素数究竟有多少个呢？

我们知道素数有无穷多个，也就是说，没有最大的素数。怎么证明这一点呢？我们可以用反证法。证法如下：假设素数的数目有限，譬如只有 n 个素数。令这 n 个素数是 $p_1, p_2, p_3, \cdots, p_n$。现在我们构造一个新数 N，它是这样的一个数：把所有素数 $p_1, p_2, p_3, \cdots, p_n$ 相乘，然后在乘积的基础上加 1，即 $N = p_1 p_2 p_3 \cdots p_n + 1$。我们对 N 做点研究。

首先，显然 N 大于每一个素数 $p_1, p_2, p_3, \cdots, p_n$。

其次，因为我们已假定只有 n 个素数 $p_1, p_2, p_3, \cdots, p_n$，所以 N 一定是一个合数。

再次，既然 N 是合数，那么它可以分解成素数的乘积，因为我们假定只有 n 个素数，所以分解后，N 一定是 $p_1, p_2, p_3, \cdots, p_n$ 中某些素数的乘积，也就是说，N 一定是其中某一个数的倍数。

我们不妨假定它是 p_1 的倍数。N（注意：$N = p_1 p_2 p_3 \cdots p_n + 1$）除以 p_1，一定得到余数 1，所以 N 不能被 p_1 整除。同理，N 不能

被 $p_2, p_3, \cdots, p_n$ 中的任何数整除。这意味着，N 是在 $p_1, p_2, p_3, \cdots, p_n$ 之外且大于其中任一个数的素数，这就和前面假设"只有 n 个素数"发生矛盾。因此，假设是站不住脚的，于是我们得出结论：素数有无限多个。

关于素数还有好多课题，如完全数、孪生素数，等等，本书之后会有介绍，这里先谈谈孪生素数的故事。

孪生素数猜想

在生活中，人们也称双胞胎为孪生子。在数论中，相差 2 的一对素数被称作"孪生素数"，例如 3 和 5、5 和 7、11 和 13 都是孪生素数。数学家早就知道，100 以内有 8 对孪生素数，501 和 600 之间只有 2 对孪生素数——数越大，孪生素数就越稀少。那么孪生素数会稀少到什么程度呢？会不会到某个位置，我们再也找不到新的孪生素数对呢？

这是一个古老的问题。大数学家希尔伯特在 1900 年的国际数学家大会上发表了一篇著名的报告，提出了 23 个数学问题，上述问题就位列第 8。

1921 年，英国数学家哈代和李特尔伍德提出了一个猜想，认为孪生素数有无穷多对，而且他们还给出了渐近分布的形式。这就是"孪生素数猜想"。这个猜想正确吗？数学家们绞尽脑汁，但没有找到答案。我们期望着终有一天会出现一位数学家，最终能解决这个猜想。

第二篇

无理数

无理数与希伯斯

希伯斯闯祸了

在公元前 6 世纪，希腊的萨摩斯岛上有一个神秘的学派——毕达哥拉斯学派，它是以发现毕达哥拉斯定理的毕达哥拉斯为首的研究数学的秘密社团。比例论是该学派唯一推崇的数学理论，他们甚至把其他与比例论相对立的观点都称为"邪说"。

毕达哥拉斯对数字有着"神性崇拜"，他给每个数字都赋予了意义：1 是世界的开始，5 是"婚姻数"，6 是"完美数"（因为 6 的因数是 1、2、3 和 6，而前三个数的和正巧等于 6），10 是"亏数"，220 和 284 是"亲和数"（220 的所有因数之和等于 284，反之亦然），等等。而且，毕达哥拉斯学派的徽章上就刻着 220 和 284。

毕达哥拉斯学派提出："任何两条线段的比，都可以用两个整数的比来表示。"实际上，他们认为除了整数和分数外，就没有其他数了。

有一次，毕达哥拉斯的学生希伯斯在研究"长为 1 和 2 的两条线段的比例中项"等问题时发现，有这样的一条几何线段的长，竟不能用一个整数或分数表示。然而，这是确确实实存在的一条线段，并能用几何作图的方法作出，它就是边长为 1 的正方形的对角线。

于是希伯斯提出一个新观点：这个数（边长为 1 的正方形的对角线的长度）既不是整数，又不是分数，而是一个人们还没有认识到的新数。这对他们崇拜的比例论是一个严重的打击。

这下子，希伯斯可闯了个大祸！毕达哥拉斯学派内部因此产生了分歧，以毕达哥拉斯为首的多数人把希伯斯的观点看作异端邪说，不许他宣扬出去。但是，外界还是知道了希伯斯的新发现，经调查，是希伯斯本人说出去的。于是，毕达哥拉斯下令逮捕希伯斯，为此，希伯斯不得不逃亡到国外。几年以后，想念祖国的希伯斯偷偷回国，结果被毕达哥拉斯的门徒发现，在一次航行中，他们把希伯斯抛进了大海。

科学的进展，不但需要人们具有智慧，还要具有勇气；不但需要人们付出汗水，还有人要为之献出生命。

后来，人们给希伯斯发现的这种数起名叫"无理数"。在相当长的时期内，数学界对这种数争论不休，一度引起了混乱。有些数学史家认为，数学发展史上有过三次"危机"，无理数的发现被称为第一次"危机"。

证明一下

现在讲一下，为什么边长为 1 的正方形的对角线的长度是无理数。这要从"公度"这个词谈起。

所谓"公度"，简单讲就是：对于两条线段 a、b，如果存在第三条线段 c，用线段 c 截线段 a，截若干次正巧截尽（记作 $a = k_1 c$，k_1 为整数）；同样用线段 c 去截线段 b，截若干次也正巧截尽（记作 $b = k_2c$，k_2 为整数）。也就是说，线段 c 是线段 a、b 的公共度量单位，于是我们称线段 c 为线段 a、b 的一个公度，称线段 a、b 可公度。如果不存在这样的公度 c，就说线段 a、b 不可公度。

怎么知道两条线段有没有公度？直接去找公度有时可能不简单，我们可以利用辗转相截的办法寻找。

譬如 $a>b$，第一步，我们先用较短的线段 b 截线段 a，假设截 k_1 次后，多出了一段线段 a_1（$a_1<b$），即 $a = k_1b + a_1$。

第二步，用 a_1 截 b，假设截 k_2 次后，也多出了一段 b_1（$b_1<a_1$），即 $b = k_2a_1 + b_1$。

第三步，用 b_1 截 a_1，假设截 k_3 次后，也多出了一段 a_2（$a_2<b_1$），即 $a_1 = k_3b_1 + a_2$。

第四步，用 a_2 截 b_1，假设截 k_4 次后，也多出了一段 b_2（$b_2<a_2$），即 $b_1 = k_4a_2 + b_2$。

……

如果这样辗转相截，最后正巧截完 a 和 b 两条线段，那么这两条线段就有公度。为了简单起见，我们假设第四步正巧截完，那么第四步可改为：用 a_2 截 b_1，截 k_4 次后，正巧截完无余，即 $b_1 = k_4a_2$。

这时候，我们返回第三步，将 $b_1 = k_4a_2$ 代入 $a_1 = k_3b_1 + a_2$，得 $a_1 = (k_3k_4 + 1)a_2$。再返回第二步、第一步，不难发现，线段 a、b

都是 a_2 的整数倍，也就是说，a_2 就是线段 a、b 的公度。如果这样辗转相截，永远截不完，那么这两条线段无公度。

有了这些知识，我们回过头来再研究正方形的边和对角线的关系。我们用辗转相截的方法就能发现，这两条线段是无公度的。

四边形 $ABCD$ 是正方形，我们观察边 BC 和对角线 AC 这两条线段，显然对角线 AC 较长，边 BC 较短。

第一步，先用较短的线段（边 BC）截较长的线段（对角线 AC），得 $CF = CB$，余下一小段线段 FA。此时，作 $EF \perp AC$，交 AB 于 E。可证 $AF = EF = BE$。

第二步，用对角线上多余的一段 FA 截正方形的边 BC。因为 $BC = AB$，所以我们也可以选择截 AB。由于 $AF = BE$，所以先截下一段 BE，余下 EA。此时 $EA>AF$，因此应该再截 EA。可是我们发现，三角形 AFE 是等腰直角三角形（如果补出一个以 AF 为边的正方形，那么 AE 是对角线），于是我们又回到了起点——用正方形的边去截它的对角线。不难发现，这个过程是无止境的，因此它们之间的辗转相截是没有尽头的（图1）。

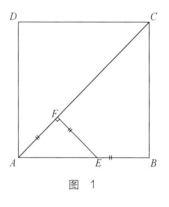

图　1

所以，正方形的边长和对角线是无公度的。这意味着什么？准确地说就是，不存在一条线段 c，用 c 截边长和对角线都能够恰巧截尽，没有多余；或者说，不存在一条线段 c，使边长是 c 的若干（整数）倍，对角线也是 c 的若干（整数）倍。于是对角线不可能是边长的整数倍或分数倍。

我们可能会想，用正方形的边去截对角线，不能截尽，那么用边长的 $\dfrac{1}{10}$、$\dfrac{1}{100}$……去截，有没有可能截尽呢？这个证明告诉我们：不可能！因为边长和对角线没有公度。那么对角线是边长的几倍呢？事实上这个倍数是无理数，这个无理数就是大名鼎鼎的 $\sqrt{2}$。

怎样用"土办法"计算 $\sqrt{2}$

在笔者求学的时代，计算 $\sqrt{2}$ 的值是很麻烦的。一个办法是用笔算，这是一种专门的竖式计算法；另一个办法是利用数学用表。现在科技进步了，在函数计算器上一按，立马得到 $\sqrt{2}$ 的值。如果手头没有函数计算器怎么办？用"土办法"也是可以的。

古印度近似算法

这里先介绍的是古印度人在公元前 800 年使用的求法。我先告诉大家一个近似公式：

$$\sqrt{a^2+r} \approx a+\frac{r}{2a}。$$

这个公式的正确性容易论证。只要将公式两边平方便可得知：左边成 a^2+r，右边成 $a^2+r+\frac{r^2}{4a^2}$。由于在实际使用中，$\frac{r^2}{4a^2}$ 是很小的，所以，公式两边近似相等。

把 $\sqrt{2}$ 看成 $\sqrt{1^2+1}$，根据近似公式，

$$\sqrt{2} = \sqrt{1^2+1} \approx 1+\frac{1}{2\times 1} = \frac{3}{2}。$$

再把 $\sqrt{2}$ 看成 $\sqrt{\left(\frac{3}{2}\right)^2+\left(-\frac{1}{4}\right)}$，根据近似公式，

$$\sqrt{2} = \sqrt{\left(\frac{3}{2}\right)^2 + \left(-\frac{1}{4}\right)} \approx \frac{3}{2} + \frac{-\frac{1}{4}}{2 \times \frac{3}{2}} = \frac{3}{2} - \frac{1}{12} = \frac{17}{12} \,。$$

再把 $\sqrt{2}$ 看成 $\sqrt{\left(\frac{17}{12}\right)^2 + \left(-\frac{1}{144}\right)}$，根据近似公式，

$$\sqrt{2} = \sqrt{\left(\frac{17}{12}\right)^2 + \left(-\frac{1}{144}\right)} \approx \frac{17}{12} + \frac{-\frac{1}{144}}{2 \times \frac{17}{12}}$$

$$= \frac{17}{12} - \frac{1}{408} \approx 1.414\,216 \,。$$

只是用了三次近似公式，我们就得到了 $\sqrt{2}$ 的相当精确的近似值 1.414 216。如果你想得到更精确的近似值，可以继续使用这个近似公式算下去。

在我国现行的数学教材中，近似方法并不是重点。其实，近似方法十分重要。

连分数方法

我再介绍一个用连分数来计算 $\sqrt{2}$ 的方法。连分数是将一个数表示为近似分数的有效工具。我们先将 $\sqrt{2}$ 表示为连分数。

$$\because \quad (\sqrt{2} - 1)(\sqrt{2} + 1) = 1 \,，$$

$$\therefore \quad \sqrt{2} = 1 + \frac{1}{1 + \sqrt{2}} \,。$$

将 $\sqrt{2} = 1 + \dfrac{1}{1 + \sqrt{2}}$ 代入右端式中的 $\sqrt{2}$，得

$$\sqrt{2} = 1 + \cfrac{1}{2 + \cfrac{1}{1 + \sqrt{2}}} \text{。}$$

仍用 $1 + \cfrac{1}{1 + \sqrt{2}}$ 不断地代入右式中的 $\sqrt{2}$，有

$$\sqrt{2} = 1 + \cfrac{1}{2 + \cfrac{1}{2 + \cfrac{1}{2 + \cfrac{1}{2 + \ddots}}}} \text{。}$$

这样，$\sqrt{2}$ 就被表示为一个连分数了。然后，弃去连分数中的"尾巴"，就可以算出 $\sqrt{2}$ 的各种精度的近似分数了，进而可以转换为小数。

$$\sqrt{2} \approx 1 + \cfrac{1}{2} = \cfrac{3}{2},$$

$$\sqrt{2} \approx 1 + \cfrac{1}{2 + \cfrac{1}{2}} = \cfrac{7}{5},$$

$$\sqrt{2} \approx 1 + \cfrac{1}{2 + \cfrac{1}{2 + \cfrac{1}{2}}} = \cfrac{17}{12},$$

$$\sqrt{2} \approx 1 + \cfrac{1}{2 + \cfrac{1}{2 + \cfrac{1}{2 + \cfrac{1}{2}}}} = \cfrac{41}{29},$$

……

　　有趣的是，我们可以在不带根号键的"傻瓜"计算器上求 $\sqrt{2}$ 的值，其原理就是根据 $\sqrt{2}$ 的连分数表达式求 $1+\sqrt{2}$。方法如下：先按数字键 $\boxed{2}$，再按倒数运算键 $\boxed{1/x}$，接着按加法运算键 $\boxed{+}$、数字键 $\boxed{2}$ 和等号键 $\boxed{=}$，这时，显示屏上的结果是 2.5。

　　重复同样的步骤，也就是继续按 $\boxed{1/x}$、$\boxed{+}$、$\boxed{2}$、$\boxed{=}$，这时显示屏上的结果是 2.4。

　　再继续按 $\boxed{1/x}$、$\boxed{+}$、$\boxed{2}$、$\boxed{=}$，并且多次重复顺次按这组键。最后，如果你想结束计算了，就可以取最后一次按 $\boxed{1/x}$、$\boxed{+}$、$\boxed{2}$、$\boxed{=}$ 得到的 $1+\sqrt{2}$ 的值，这时你一定可以得到合乎精度要求的 $\sqrt{2}$ 的近似值。

　　这里给大家介绍"土办法"，主要是为了提高大家的学习兴趣，真正要计算 $\sqrt{2}$ 的近似值当然要用非常精密的电子计算机。据报道，早在 1971 年 10 月，美国人杜卡就已经利用电子计算机把 $\sqrt{2}$ 的数值算到小数点后第 100 万位了。

数学大师的小事

阿贝尔的数学玩笑

19 世纪的伟大数学家阿贝尔出生在一个穷困的牧师家庭。少年时，他有幸遇到了一位叫伯恩特·霍尔姆伯的老师。霍尔姆伯看出了阿贝尔的天分，预言他在 17 岁的时候将成为世界上最伟大的数学家，并且尽力培养他。

阿贝尔对恩师十分敬重。有一次，他给霍尔姆伯写了一封信，在信的末尾署了一个神秘的日期："$\sqrt[3]{6\,064\,321\,219}$ 年"，跟老师开了一个玩笑。

这是什么意义？老师皱起了眉头。这个数涉及开立方。可以算出

$$\sqrt[3]{6\,064\,321\,219} = 1\,823.590\,827\,5\ldots（年）。$$

年份哪有小数的啊！原来这个数的整数部分就是年份，小数部分则是几月几日了，即整数部分 1823 是写信的年份。因为这个数以年为单位，所以小数点后的部分要折算成日数，

$$365 \times 0.590\,827\,5 \approx 215.652（日）$$
$$\approx 216（日），$$

即 1823 年的第 216 日。因为 1823 年是平年，所以那天是 8 月 4 日。原来阿贝尔写信的日期是 1823 年 8 月 4 日。文献里没有记载

霍尔姆伯老师是否破解了这个神秘的日子。不管怎样，这肯定让他费了一番心思。

一眼看穿

我国的华罗庚教授是很勤奋的数学家，他经常找机会锻炼自己的大脑。说来也巧，他也有一则与开立方有关的故事。

有一次，华罗庚出国访问。在飞机里，他与邻座的乘客聊天，他的一位助手在浏览从邻座的乘客那里借来的一本杂志。华罗庚从旁边看过去，看到杂志上有一道智力题：求 $\sqrt[3]{59\,319}$。华罗庚脱口而出："39。"助手惊奇万分，忙问其中的奥妙。

读者朋友，你知道其中的原因吗？原来华罗庚是这么想的。

首先，要假定这个数是开得尽的，否则，这类智力题就不巧妙了。

其次，应该断定立方根是两位数。因为一位数的立方不超过 10^3，即 1000；而三位数的立方至少是 100^3，即 1 000 000。

再次，可以确定立方根的个位数是 9。因为在 0, 1, 2, …, 9 中，只有 9 的立方的个位数还是 9。

最后，确定其十位数。虽然这看来不容易，但实际上只要将被开方数 59 319 自右至左划去三位，得 59，根据它即可求得立方根的十位数。因为 $3^3 = 27$，而 $4^3 = 64$，所以其立方根的十位数应是 3。综上所述，59 319 的立方根是 39。

戏法人人会变，各有巧妙不同。这个解法一透露，好像没有什么稀奇的。但是，为什么华罗庚想到了，别人却没有想到呢?

1982 年《环球》杂志第 3 期发表了一篇题为《胜过电子计算机的人》的报道。文中介绍了一位 37 岁的印度妇女沙昆塔拉仅用 50 秒就算出了一个 201 位数的 23 次方根，而提问者为了在黑板上写出这个 201 位数花了 4 分钟。另外，如果用当时最先进的电子计算机来计算这一数值，也要花 1 分钟。所以，人们把沙昆塔拉誉为"数学魔术师"，她的故事曾轰动一时。

我国数学家华罗庚看到这则报道之后，一眼看出，沙昆塔拉的答数错了。又是华罗庚，他就是敏锐! 提问者写出的 201 位数是这样的:

916 748 679 200 391 580 986 609 275 853 801 624 831 066 801 443 086 224 071 265 164 279 346 570 408 670 965 932 792 057 674 808 067 900 227 830 163 549 248 523 803 357 453 169 351 119 035 965 775 473 400 756 816 883 056 208 210 161 291 328 455 648 057 801 588 067 711。

沙昆塔拉的答数是: 546 372 891。华罗庚指出，沙昆塔拉答数中的十位数字不可能是 9，只能是 7。这是为什么呢?

这类趣味运算题一般都有一个"约定": 方根是整数。有了这个约定，我们有时可以用对照方根与被开方数的"尾巴"的方法来检验运算的正确性。譬如，说 144 的算术平方根是 13，这肯定是错的，因为 13 的平方数的个位数字只能是 9，绝不可能是 4。当然，现在我们遇到的问题比这个例子麻烦得多。

我们先引入一个结论：a^{23} 与 a^3 的最后两位数字必定相同。

当 $a = 1$ 时，结论显然是对的；当 $a = 2$ 或 $a = 5$ 时，也很容易直接验证这一结论。有兴趣的读者可以试证一下其余情形。

如果将沙昆塔拉的答数（它的末两位是 91）还原，那么它的 23 次幂的末两位，也就是它的 3 次幂的末两位应是 71，而不应是 11；只有末尾是 71 的数的 23 次幂的末两位，也就是其 3 次幂的末两位数字才是 11，正是根据这一道理，华罗庚一眼就看出沙昆塔拉的答数错了。

后来，华罗庚用计算机认真进行了复查，结果发现题目也有问题！华罗庚告诫青年人：不要把科学神秘化，要重视将科学成果放到实践中检验。

从阿贝尔的玩笑到华罗庚做智力题，大数学家揭穿"西洋镜"的事情虽小，但我们从中可以看出，两位数学家无论何时何地都在思考数学。正是因为这种孜孜不倦的精神，他们才成为大师。

连分数与密率

我国古代数学家祖冲之把 π 算到小数点后七位，并且用分数 $\dfrac{355}{113}$ 来代替 π，这个分数被称为"密率"。

密率是怎么算出来的？由于祖冲之撰写的数学著作《缀术》已经失传，因此我们已无法知道他使用的方法。近代数学家及数学史家有种种推测，比如，著名数学家华罗庚认为，密率可能是用连分数推算出来的。那么连分数又是什么玩意儿呢？形如

$$\cfrac{1}{1+\cfrac{1}{2+\cfrac{1}{2+\cfrac{1}{4+\cfrac{1}{3}}}}}$$

的繁分数就是连分数。如果将这个连分数按照普通繁分数那样化简，那么它可以化为小数 0.71。

反过来，一个小数也可以化为连分数。化法不难掌握，只要记住一句口诀"倒一倒，除一除"就可以了。例如：

$$0.71 = \frac{71}{100}$$

$$= \cfrac{1}{\cfrac{100}{71}} \quad （倒一倒）$$

$$= \cfrac{1}{1+\cfrac{29}{71}} \quad （除一除）$$

$$= \cfrac{1}{1+\cfrac{1}{\cfrac{71}{29}}} \quad （倒一倒）$$

$$= \cfrac{1}{1+\cfrac{1}{2+\cfrac{13}{29}}} \quad （除一除）$$

$$= \cfrac{1}{1+\cfrac{1}{2+\cfrac{1}{\cfrac{29}{13}}}} \quad （倒一倒）$$

$$= \cfrac{1}{1+\cfrac{1}{2+\cfrac{1}{2+\cfrac{3}{13}}}} \quad （除一除）$$

$$= \cfrac{1}{1+\cfrac{1}{2+\cfrac{1}{2+\cfrac{1}{\cfrac{13}{3}}}}} \quad （倒一倒）$$

$$= \cfrac{1}{1+\cfrac{1}{2+\cfrac{1}{2+\cfrac{1}{4+\cfrac{1}{3}}}}} \quad （除一除）。$$

无限不循环小数，即无理数也可以化为连分数，不过化得的连分数是无限连分数。由于化法稍繁，这里不予介绍。

将 π 化为连分数，可得：

$$\pi = 3 + \cfrac{1}{7 + \cfrac{1}{15 + \cfrac{1}{1 + \cfrac{1}{292 + \cfrac{1}{1 + \cfrac{1}{1 + \cfrac{1}{1 + \cfrac{1}{2 + \cfrac{1}{1 + \ddots}}}}}}}}} 。$$

为了求 π 的近似值，我们不妨对它动一下手术，丢掉长长的"尾巴"，取

$$\pi \approx 3 + \frac{1}{7} ,$$

那么得到 π 的分数近似值 $\frac{22}{7}$，它就是"疏率"。据说，阿基米德早在 2000 多年前就已经发现了这个近似值。在我国，一般认为它是在南北朝时由何承天首先使用的。

如果稍精确一点儿，取

$$\pi \approx 3 + \cfrac{1}{7 + \cfrac{1}{15}}$$
$$= \frac{333}{106} ,$$

更精确一些，取

$$\pi \approx 3 + \cfrac{1}{7 + \cfrac{1}{15 + \cfrac{1}{1}}}$$

$$= \frac{355}{113},$$

这就是"密率"，是祖冲之首先发现的。在西方，这个值直到 16 世纪才由德国人奥托发现，比祖冲之迟了一千多年。

π 的马拉松

圆周率 π 是最有名的无理数，人们为揭开 π 之谜费尽心血。

圆周率就是圆周长与直径的比。第一个正式使用希腊字母 π 代表圆周率的人是欧拉，他在 1737 年使用这个字母。首先弄清楚 π 是一个无理数的人是德国数学家兰伯特，这是 1761 年的事。在这之前，多少人企图弄清楚 π 的"精确值"，也就是企图找出一个分数、有限小数或无限循环小数来精确地表示 π 的值，结果都是徒劳的，因为 π 是一个无理数，即无限不循环小数。

早在远古时代，人们就知道"周三径一"，即认为 $π≈3$。后来，有人用分数近似表示 π，古希腊的阿基米德求出 π 介于 $\frac{223}{71}$ 及 $\frac{22}{7}$ 之间。我国古代著名数学家祖冲之用 $\frac{355}{113}$ 来表示。$\frac{22}{7}$ 和 $\frac{355}{113}$ 是两个极为简洁而且相当精密的分数近似值，分别被祖冲之称为"疏率"与"密率"。

其实 π 的分数近似值还有很多，例如，古埃及人用过 $\frac{256}{81}$ 来表示 π，希腊天文学家托勒密用过 $\frac{377}{120}$，我国北魏的刘徽用过 $\frac{157}{50}$ 和 $\frac{3927}{1250}$，东汉的蔡邕用过 $\frac{25}{8}$，著名天文学家张衡用过 $\frac{92}{29}$，三国时期的王蕃用过 $\frac{142}{45}$，明代方以智用过 $\frac{52}{17}$，还有人用过 $\frac{63}{20}$，古

印度人还用过 $\dfrac{754}{240}$、$\dfrac{3927}{1250}$、$\dfrac{721}{228}$。

然而，历史上有更多的人把 π 表示为小数。古埃及的阿默斯草纸上就记载着 π≈3.1604。刘徽算出 π≈3.14。祖冲之算出 π 介于 3.1 415 926 和 3.1 415 927 之间，准确到小数点后 7 位，创造了当时的世界纪录。

后来不断有人刷新这个纪录，阿拉伯人阿尔卡西在 1427 年算到了 17 位小数值。荷兰数学家鲁道夫·范·科伊伦在 1596 年公布了 π 的 15 位小数值。由于没有发现循环迹象，他继续努力，最后用毕生的精力算出了 π 的 35 位小数值，还是没有发现循环的迹象。在 1610 年鲁道夫·范·科伊伦逝世以后，人们在荷兰莱顿给他竖立了一块奇特的墓碑，墓碑上刻着他用毕生心血求得的 π 精确到小数点后 35 位的近似值：

3.141 592 653 589 793 238 462 643 383 279 502 88。

在他的故乡荷兰，人们把这个数值称为"鲁道夫数"。

最后，约翰·海因里希·兰伯特终于证明了 π 是一个无理数。人们既崇敬到达这个科学问题的顶峰的兰伯特，也感谢默默无闻、勤于探索的鲁道夫，因为正是鲁道夫等人从侧面启示了兰伯特。

之后，或许是出于创纪录的欲念，人们明知 π 是一个无限不循环小数，仍孜孜不倦地一位一位往下算。

1841 年，英国数学家威廉·卢瑟福将 π 算到小数点后 208 位，可惜人们后来发现，其中只有 152 位是正确的。

1844 年，德国一位杰出的计算能手扎凯厄斯·达瑟将 π 算到小数点后 202 位。达瑟也许可以称为前所未有的心算家，他能在 1 分钟之内心算两个 8 位数的积，在 6 分钟之内心算两个 20 位数的积，在 40 分钟内心算两个 40 位数的积，在 9 小时内心算两个 100 位数的积，在 52 分钟内心算出一个 100 位数的平方根。他还制作了从 7 000 000 到 9 999 999 的 7 位数自然对数表和因数表。

1853 年，卢瑟福重破纪录：将 π 准确地算到小数点后 400 位。

最令人感叹的是英国人威廉·尚克斯，他用毕生的精力将 π 算到小数点后 707 位，并于 1873 年公布。可惜到了 1946 年，D. F. 弗格森发现尚克斯得到的值从小数点后 528 位开始就全错了。

1947 年，弗格森公布了 π 的小数点后 710 位的正确值。在同一个月里，美国人小约翰·伦奇公布了小数点后 808 位的值，但弗格森不久就指出伦奇得到的值的第 723 位数错了。然后，两人一起算出了正确的小数点后 808 位的值，并在 1948 年 1 月公布。

这几位计算能手的精神值得称赞。要知道，他们都是用手算的，工作量之大、工作之辛苦是可以想象的。

1949 年，美国马里兰州阿伯丁的弹道研究实验室利用电子计算机将 π 算到小数点后 2037 位，开创了用电子计算机计算的先河。

1959 年，法国人弗朗索瓦·热尼（旧译裘努埃）算到小数点后 16 167 位。

1961 年，伦奇和丹尼尔·尚克斯（跟威廉·尚克斯没有亲戚关系）算到小数点后 100 265 位。

1966 年，让·吉尤算到小数点后 250 000 位；一年之后，他又将纪录提高到小数点后 500 000 位；1973 年，他又将纪录翻了一番。

1981 年，日本的鹿角理三吉和久仲山花了 137 小时将 π 算到小数点后 2 000 038 位。

1986 年 1 月，戴维·贝利等人用 28 小时将 π 算到小数点后 29 360 000 位。紧接着日本东京大学的廉正蒲田算到小数点后 134 217 700 位。

1995 年，日本东京大学的金田康正和助手高桥大介将 π 算到小数点后 64 亿位。1997 年，他们两人又将纪录推进到小数点后 515.396 亿位。之后，他们还在继续推进成果。

进入 21 世纪，人们还是对此热情高涨。2002 年，金田康正所在的日本东京大学信息基础中心和日立制作所联合研究小组宣布，他们将圆周率计算到小数点后 12 411 亿位，全部演算共耗时 601 小时 56 分。据报道，假设 1 秒读 1 位，读完这一数要花 4 万年；假如将这个数写到厚 0.1 毫米的纸上，且保证每张纸上写满 1 万位数，那么这些纸张堆起来会比珠穆朗玛峰还高！

2007 年 8 月 13 日，中国数学家王宏向算到了 53 246.568 96 亿位的小数值。2010 年 1 月 7 日，法国工程师法布里斯·贝拉将圆周率算到小数点后 27 000 亿位。2010 年 8 月 30 日，日本计算机专家近藤茂利用家用计算机并结合云计算，计算到小数点后 5 万亿位。2011 年 10 月 16 日，近藤茂又计算到小数点后 10 万亿位。当时 56 岁的近藤茂使用的是自己组装的计算机，他从 2010 年 10

月开始，花了约一年时间才刷新了 2010 年由他自己创下的小数点后 5 万亿位的世界纪录。

2019 年 3 月 14 日——这一天也是"国际圆周率日"，一个新纪录公布了，来自日本的谷歌工程师岩尾遥利用谷歌云的计算资源，花费 121 天将 π 值计算到小数点后 31.4 万亿位。这是截至本书出版日期的最新报道。

计算 π 值的工作真像一场马拉松比赛！经历了实验阶段、几何法阶段、分析法阶段、电子计算机阶段、云计算阶段，计算圆周率的纪录不断被刷新——人们就是有创纪录的欲望。但也有人对此提出质疑："这样做有什么用？吃饱饭没有事干了？"

不是的，不要轻易说这件事没有意义。首先，它可以检验计算机及程序的速度。其次，你可能想不到，好处恰恰在于计算这么多位的数据很难。事情有时就是这么怪，按理说，简易才好，难不好。其实，难有难的好处：问题难了，懂的人、掌握的人就很少，这样一来，只有我会，你不会，我的优势就显示出来了。譬如一个保险箱的密码，我明明白白告诉你密码是圆周率数值的第几位，可你知道吗？除非你跑去查。因此，计算圆周率小数点后的这么多位数值，在密码学上还大有好处。

π 奇趣

π 是历史悠久、影响深远的一个无理数。它的魅力不但吸引了数学家，而且正在向各方面辐射。

数学节

数学界有没有自己的节日？以前没有，后来有了。

数学界对 π 情有独钟，数学界的节日理所当然和 π 有关。最早的以 π 为主题的大型庆祝活动，是 1988 年 3 月 14 日在美国旧金山科学博物馆举办的。一名物理学家带领博物馆的工作人员和参与者一起，围绕博物馆的纪念碑做了 $3\frac{1}{7}$ 圈（π 的近似值 $\frac{22}{7}$）圆周运动。大家一边吃苹果派，一边分享有关 π 的知识。之后，这家博物馆延续了这个传统，在每年的这一天都举办庆祝活动。有些地方也开始效仿，还把庆祝活动安排在 3 月 14 日的 15 点 9 分 26 秒~27 秒（3.141 592 6...）开始。除此之外，大家无论如何都要吃一个水果派，因为在英语中，"水果派"（pie）一词和希腊字母 π 同音。

2011 年，国际数学协会正式宣布将每年的 3 月 14 日设为"国际数学节"。2019 年 11 月，联合国教科文组织第 40 次全体会议宣布将 3 月 14 日定为"国际数学日"，因此 2020 年 3 月 14 日正是第一届"国际数学日"。

2020 年"国际数学日"的主题是"数学无处不在"。但这一年春天的情况较为特殊，原定在法国巴黎联合国教科文组织总部举办的"国际数学日"启动仪式被取消了。尽管如此，人们依旧在网络上举办了大量的庆祝活动、趣味活动。

有意思的是，3 月 14 日还是爱因斯坦的生日和斯蒂芬·霍金逝世的日子。

除此之外，π 在人们的生活中也频频出现。美国纽约数学博物馆的大门上就有一个大大的"π"。广东深圳人才公园有一座桥叫"π"桥，上面刻着 π 的值：3.141 592 6…

据 1999 年 1 月 14 日《新民晚报》报道，"一家香水公司将向市场推出用计算机调制香味的'π'牌男用香水"。为什么用"π"作为牌子？据说是因为"π 的数值是 3.1415…，表明这种香水会不断改进"。该文同时报道了，一部名叫《π》的惊险故事片得了奖。影片描写了一位名叫科恩的数学天才在研究股票市场运行时表现的狂热。你看，社会对 π 的商业炒作还是很认同的。

π 面面观

正因为 π 是一个无理数，它的有效数字的位数会随着计算增加，计算方法也会不断改进，所以，数学家队伍虽谈不上狂热，但他们对 π 的热情一直不曾降温过。

大家都知道，π 可以近似地表示为分数，其中疏率 $\frac{22}{7}$ 和密率 $\frac{355}{113}$ 最简洁、最易记忆，也比较精确，所以更著名。$\frac{22}{7}$ 精确到小数点后两位，$\dfrac{355}{113}$ 则精确到小数点后 6 位。

有位印度数学家叫拉玛努金，他对 $\dfrac{355}{113}$ 做了微小的修改——将 $\dfrac{355}{113}$ 乘以一个近似于 1 的数 $\left(1-\dfrac{0.0003}{3535}\right)$，结果得到

$$\dfrac{355}{113}\left(1-\dfrac{0.0003}{3535}\right)=3.141\,592\,653\,740\,722\ldots$$

竟然精确到小数点后面 9 位！

拉玛努金还设法用根式来表示 π，一开始他用 $\sqrt[4]{97.5-\dfrac{1}{11}}$ 来近似表示 π，后来，又将它改进为

$$\sqrt[4]{9^2+\dfrac{19^2}{22}}=3.141\,592\,652\,58\ldots$$

精度达到小数点后 8 位。

他仍不满足，认为它不便记忆，经过进一步修改后，得

$$\sqrt[4]{102-\dfrac{2222}{22^2}}=3.141\,592\,652\,58\ldots$$

根号里的算式用到了 8 个 "2"，精度仍达到小数点后 8 位。

他还得到了和 π 有关的如下两个式子：

$$\dfrac{1}{\pi}=\dfrac{\sqrt{8}}{9801}\sum_{n=0}^{\infty}\dfrac{(4n)!(1103+26\,390n)}{(n!)^4 396^{4n}},$$

$$\frac{\pi}{4} = \cfrac{1}{1 + \cfrac{1^2}{2 + \cfrac{3^2}{2 + \cfrac{5^2}{2 + \cfrac{7^2}{2 + \cdots}}}}} 。$$

拉玛努金生于 1887 年，死于 1920 年，仅活到 33 岁。他是数学史上一位绝无仅有的奇才。拉玛努金一生生活在贫困之中。13 岁时，他借到了一本《三角学》，很快读完全书，做完了全部习题，并且竟然独立推导出公式 $e^{ix} = \cos x + i\sin x$。他为此十分高兴。但是，当后来有人跟他说这个公式就是欧拉公式时，他伤心至极，将推导公式的底稿收藏起来放到了屋梁上。

23 岁时，连纸都买不起的拉玛努金在石板上进行数学研究，发表了第一篇论文。1913 年，在朋友的鼓励下，他给英国著名的数学家哈代写了一封信。信中列出了他发现的 120 条公式。哈代看信后，大为惊讶，就设法让他到英国学习和研究。

拉玛努金之所以被称为奇才，不但因为他无师自通，自学成才，而且在于他的研究方式十分奇特。他有时运用推理，有时利用直觉。1976 年，人们在他的遗物中发现了一个笔记本，里面记下了 4000 条公式，都没有证明。其中，有的公式到 20 世纪 50 年代才另有他人独立得到，有的至今还没有旁人能做出。他有惊人的洞察力，难怪有人说他是一个数学预言家。

对于 π，除了拉玛努金之外，还有不少人做了多角度的尝试。英国人斯坦利·史密斯把 $\frac{355}{113}$ 反过来写成 $\frac{553}{311}$，并在分母上加

上 1，得

$$\frac{553}{311+1} = 1.772\ 435\ 897\ldots \approx \sqrt{\pi}\ 。$$

1903 年，有人用 4 个很相似、又首尾"对称"的数相乘来表示 π：

1.099 999 01 × 1.199 999 11 × 1.399 999 31 × 1.699 999 61
= 3.141 592 573…，

精度达到小数点后 6 位。

有人还利用幂组成算式，来表示 π，如

$$\frac{47^3 + 20^3}{30^3} - 1 = 3.141\ 592\ 593\ldots，$$

精度达到小数点后 6 位。

还有人重新组合 π 值里的数字来表示 π。我们都知道，3.141 593 是 π 的近似值，利用 3、1、4、1、5、9、3 这七个数字，组成一个算式（不计指数）

$$\left[\left(\frac{3}{14}\right)^2 \cdot \left(\frac{193}{5}\right)\right]^2 = 3.141\ 58\ 。$$

竟然得到了精确到小数点后 4 位的近似值。

π，实在是一个既古老又新鲜的课题，值得让人不断探索，而且这一探索永无止境，可以不断得到新的研究成果，又让人回味无穷。

背诵 π

由于 π 的小数值既算不到底，又不循环，因此要记住它就不太容易。在西方，有人用诗句来助记。

例如，诗句：

Yes, I have a number.

（不错，我求得了一个数。）

其中"Yes"由 3 个字母构成，"I"由 1 个字母构成，"have"由 4 个字母构成……将这些词的字母数依次写下便成了 3.1416。

更复杂一点儿的诗句有：

See, I have a rhyme assisting,

（看，我有一首小诗来帮忙，）

My feeble brain its tasks sometime resisting.

（我笨拙的脑袋有时对付不了作业。）

用它可以记住 3.141 592 653 589。

还有可以帮助记住小数点后 31 位近似值的诗句：

Sir, I send a rhyme excelling,

（先生，我奉上一首诗歌，）

In sacred truth and rigid spelling,

（金玉良言且拼写精确，）

Numerical spirits elucidate,

（数字的精灵使我对沉闷难解的课程，）

For me, the lesson's dull weight.

（条理分明。）

If, nature gain,

（如果大自然筹高一着，）

Not you complain,

（你也不必抱怨，）

Let Dr. Johnson fulminate.

（就让约翰逊博士去斥责吧。）

类似的诗还有不少。在我国，有人根据我国文字的特点，用与数字 1, 2, 3,… 发音差不多的汉字编成一首打油诗（表1）。

表　1

山巅一寺一壶酒，	尔（你）乐，	苦煞吾（我），	把酒吃，	酒杀尔（你），	杀不死，	乐而乐。
3.141 59	26	535	897	932	384	626

编诗人还为诗配了一个故事。一个老师教了一群学生，一次老师命令学生背书，下完命令后，他自己却捧着酒壶上山饮酒去了。学生在学堂里反复背诵还是背不出，不由得咒骂起老师来了，于是，就编成了上面的这首诗。

后来，又有人继续编下去（表2）：

表　2

死了算罢了	儿弃沟	吾疼儿	白白死	已够凄已	留给山沟沟	山拐
43383	279	502	884	1971	69399	37
我腰痛	我怕儿冻久	凄事久思思	吾救儿	山洞拐	不宜留	四邻乐
510	58209	74944	592	307	816	406
儿不乐	儿疼爸久久	爸乐儿不懂	三思吧	儿悟	三思而依依	妻等乐其久
286	20899	86280	348	25	34211	70679

不少人能够将 π 的值背到百位以上，如我国桥梁专家茅以升在晚年还可以做到这一点。但茅老谆谆教导年轻人，记百位 π 值仅作为一种"余兴节目"而已。但总有一些人喜欢"创纪录"，而且不惜投入大量的精力。

1977 年，一名英国人把 π 背到小数点后 5050 位。

1978 年，加拿大一位 17 岁的学生把 π 背到了小数点后 8750 位。

1979 年 10 月，日本索尼电器公司的一名职员友寄英哲竟把 π 背到小数点后 20 000 位。

1987 年 3 月 9 日，日本人友良获秋在日本筑波大学用了 17 小时 21 分（其中包括 4 小时 15 分的休息时间）把圆周率 π 背到小数点后 4 万位，这项纪录被列入了《吉尼斯世界纪录大全》。

1995 年，又有人背到小数点后 42 195 位。2006 年，我国西北农林科技大学硕士研究生吕超用 24 小时 4 分钟，背了 67 890 位，打破了吉尼斯世界纪录。

π 病患者

在研究和计算 π 的马拉松中，发生了许许多多可歌可泣的故事，也涌现了不少古里古怪的人和事。如果把这些人和事全部收集起来，恐怕要单独出一本书。这些人被数学家称为"圆方病患者"，为了避免解释"圆方"这一术语的意义，这里我暂且把他们称为"π 病患者"。

π 病患者如此之多，我在这里只举数例。

1836 年，法国巴黎曾有一位打井的工匠请教著名数学教授柯美（请注意他的头衔）：建造一个圆形的井圈需要多少石块？

柯美说："这个问题无从回答，因为圆周长和直径的比值无法确定。"

但经过多时的思考，他又宣布圆周长和直径的比是确定的，比值是 $\frac{25}{8}$，即 3.1250。哎哟，这好伟大啊！要知道，在 18 世纪末，π 早已经被算到了小数点后 152 位——柯美真让人笑掉大牙了。但这还不算最可笑的，更可笑的是，巴黎科学院竟为他颁发了一枚"独立发现"奖章。

1892 年，一位作者在美国《纽约论坛报》上发表了一篇奇文，他宣布重新发现了一个被长期深藏的秘密，这个秘密就是 π = 3.2。文章发表之后，竟然引起了热烈的讨论，而且许多人赞成使用 π = 3.2。真叫人哭笑不得。作者是一位名叫爱德华·古德温的美国医学博士和医生，他宣称，是上帝给了他解决计算圆周率的灵感。他认为，圆周率等于 $4 : \frac{5}{4}$，即 3.2。其实，他从 1888 年开始就向美国印第安纳州议会提出议案，在多年的游说之后，州议会差点通过了圆周率为 3.2 的法案：1897 年州议会投票，总算做出了"搁置"的决议——这一搁置，到今天也没有"解冻"。

更有甚者，美国印第安纳州竟然出现了这么一件事。由于州教育厅长的大力支持，该州议会通过了一项法案，这项法案编号为 246 号（1897 年）。法案中说："印第安纳州众议院议案肯定下列事实已被发现，即一个圆的面积等于以其周长的 $\frac{1}{4}$ 为边长的正方形的面积……"

我们知道，圆周长为

$$C = 2\pi r,$$

以它的 $\frac{1}{4}$ 为边长的正方形面积为

$$\left(\frac{\pi r}{2}\right)^2 。$$

它与圆面积相等，即

$$\pi r^2 = \left(\frac{\pi r}{2}\right)^2 ,$$

不难算出，

$$\pi = 4 。$$

真是滑天下之大稽!

这个法案一经公布，就引来了一些报刊文章的嘲笑，美国参议院也将它搁置在一边，未予理睬。

到了 1931 年，有位热心的作者为了证明 $\pi = 3\frac{13}{81}$，做了一大本厚厚的抄件，散发给美国许多大学和公共图书馆。要知道，$3\frac{13}{81}$ 约等于 3.16，这是古埃及人的数学水平，他竟不以为耻、反以为荣地将自己的"成果"广为散发。

令人难以置信的是，到 20 世纪行将结束时，还有人对 π 的问题胡言乱语。1998 年 9 月 16 日，某报刊载了《加拿大数学天才证明圆周率为有理数》一文，提到：

"圆周率 3.141 592 6…永远除不尽的神话，最近被加拿大一名年仅 17 岁的数学天才打破。于今年 6 月高中毕业的伯熙瓦运用互联网电子邮件与世界上 25 台计算机联机，计算出圆周率在小数点后的第一兆二千五百亿位数即可除尽。而过去大家都认为圆周长除以直径的数值是除不尽的无理数。"

到了 1999 年 1 月 13 日，该报才以"来函照登"的方式刊出了一封读者来信，算是对此做出了更正。

2002 年 10 月 22 日，中国西部某报发表了一篇名为《农民挑战祖冲之》的文章，称一位小学文化的农民花了 50 年，将圆周率算到小数点后 17 位，超越了祖冲之的结果，多算了 11 位。省城的专家对此进行研讨，至今没有定论。倘若这个研究成果成立，是否意味着圆周率的探索将面临一次革命？都 21 世纪了，还有人闹出这样的笑话。

π 作案记

美国物理学大师、诺贝尔物理学奖获得者费曼是一个超高智商的"捣蛋鬼"。还在少年时代，他就学习了物理，并开始研究一个问题：人的尿液到底是不是依靠重力排出来的？

其同学们大多认为，尿液肯定是通过重力排出来的，但费曼却说不是。结果，费曼倒立着撒了一泡尿，用实例证明了尿液并不是依靠重力排出体外的。你说好笑不好笑?

费曼博士后来加入了美国研制原子弹的"曼哈顿计划",在极其机密的环境中生活和工作。他难以忍受单调的生活节奏,于是又想着要搞新花样了。他突然研究起怎么开锁来了。聪明人干什么都行! 不久,他就有了不少心得。

为了验证自己的开锁技术,费曼决定试试自己的本领。到哪里去试呢? 开哪里的锁? 他生活的环境全是极度保密的。结果,这家伙竟然撬开了装着美国原子弹研究机密文件的保险柜——这可是要坐牢的! 你们看他胡闹到什么程度。

为了安全起见,这些机密文件分别在 9 个保险柜里装着。费曼知道保险柜在哪里,却不知道开启的密码。密码是什么呢?

这里的工作人员大多是科学家。费曼对科学家们的习惯很清楚:他们一定对 π 情有独钟。而费曼对 π 可谓熟之又熟,他可以背出小数点后好多位数值。既然没有资料说明密码是多少,他猜想一番,估计他们用 π 的第 100 位、第 1000 位后的某几位数值当密码了。在此基础上,他小试身手,很快就利用 π 破译了第一个保险柜的密码。

费曼打开保险柜之后,拿走了一份文件。但他知道事情的严重性,所以在柜子里留下一张纸条:

借用编号 LA4312 文件一份。

——撬锁专家费曼留言

然后，他又把柜子锁好。就这样，他一气呵成打开了所有保险柜，并在最后一个柜子里又留下一张纸条：

密码全都一样，太简单了！

——同一个家伙留言

费曼为什么要留纸条？不留下证据，怎么能证明他有本事打开装着世界顶级机密的保险柜的锁呢？不留下纸条，人家又怎么知道他是在开玩笑呢？故事的结尾是，费曼不仅没有受到严厉的惩罚，而且还令同伴对他的聪明才智和胆量佩服得五体投地。

杂谈 0.618...

　　在我们伟大祖国的国旗上，有五颗灿烂夺目的五角星。五角星（图 1）中的有关线段的比值，如 $AC:AB$，$AD:AC$，$CD:AD$ 都是相同的。由此就可以很快算出这个比值。在图 1 中，设线段 $AC=1$，$AD=x$，则 $DC=1-x$，$BC=x$。由 $AC:AB=AD:AC$，可得

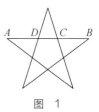

图　1

$$1:(1+x)=x:1,$$
$$则\ x^2+x-1=0,$$
$$x=\frac{\sqrt{5}-1}{2}\ （负根舍去）。$$

　　同样由 $AD:AC=CD:AD$，也可得

$$x:1=(1-x):x,$$
$$则\ x^2=1-x,$$
$$x^2+x-1=0,$$
$$x=\frac{\sqrt{5}-1}{2}\ （负根舍去）。$$

　　我们从 $AD:AC=CD:AD$ 中看到，在线段 AC 中取一点 D，把线段 AC 分成 AD、DC 两段，并满足上面的比例式。这样分割一条线段叫黄金分割，$\dfrac{\sqrt{5}-1}{2}$（约等于 0.618）叫作黄金比。

0.618 是"交际很广"的
"数字外交家"，很多地方都
留有它的踪迹。

美学中就用到了黄金分
割。如果把一个图片画成正方
形，看起来就有些呆板；如果
把图片画成宽与长的比为
0.618 的矩形，看起来就比较
美观。古希腊人对黄金分割更是喜爱到崇拜的程度。他们认为，
如果一个人的肚脐把整个身长分成黄金比，乳头把整个上身分
成黄金比，膝盖又把下身分成黄金比，那这个人就是一个标准的
美人。

在现代科学"优选法"中，有一个方法叫"0.618 法"，也叫
黄金分割法。在生产实际中，常常要找一个最好的生产条件。例
如，为了提高某种产品的质量，需要加入一种原料，如果已经知
道加入量为 0~1000 克，那么究竟加入多少克原料才能使产品质量
最好呢？

有一个笨办法，要做 1000 次试验：加入 1 克试一下，再加入
2 克试一下……比较各次试验结果，就能知道加入多少克最好。这
样做肯定要花不少时间和原料，未免太"少、慢、差、费"了！

"0.618 法"是这样的。要做两次试验：先加入 618 克试一下，
再加入 382（1000 − 618）克试一下。注意，如果把 0~1000 克这个
范围看成一条线段 AB，那么 382 克和 618 克就可以看成 AB 上的

两个点（C 及 D），这两个点都是黄金分割点。然后，比较两次试验的结果。如果加入 618 克（D）的效果更好，那就剪去 AC 这一段。如果我们认为加入 382 克原料的效果不如加入 618 克好，那么加入 1 克、2 克……381 克的效果当然都不会理想。这样，一下子免去了 381 次试验〔如果加入 382 克（C）的效果更好，则剪去 BD 这一段〕。接下去对线段 BC 找出除 D 点外的另一个黄金分割点，再做一次试验，再比较，比较以后再剪去一段，又免去了很多次试验。这样，用不了做几次试验就可以找到最佳生产方案。

黄金比又与连分数有关，如果把黄金比表示成连分数是十分有趣的。

$$\frac{\sqrt{5}-1}{2} = \frac{1}{\frac{\sqrt{5}+1}{2}} = \frac{1}{1+\frac{\sqrt{5}-1}{2}}$$

$$= \frac{1}{1+\frac{1}{\frac{\sqrt{5}+1}{2}}} = \frac{1}{1+\frac{1}{1+\frac{\sqrt{5}-1}{2}}}$$

$$= \ldots$$

$$= \frac{1}{1+\frac{1}{1+\frac{1}{1+\frac{1}{1+\frac{1}{\ddots}}}}}\, .$$

竟然得到完全由 1 构成的连分数。

如果给这个连分数动一下手术，丢掉长长的"尾巴"，可以得到黄金比 $\frac{\sqrt{5}-1}{2}$ 的分数近似值：

$$\frac{\sqrt{5}-1}{2} \approx \cfrac{1}{1+\cfrac{1}{1}} = \frac{1}{2},$$

$$\frac{\sqrt{5}-1}{2} \approx \cfrac{1}{1+\cfrac{1}{1+\cfrac{1}{1}}} = \frac{2}{3},$$

$$\frac{\sqrt{5}-1}{2} \approx \cfrac{1}{1+\cfrac{1}{1+\cfrac{1}{1+\cfrac{1}{1}}}} = \frac{3}{5},$$

$$\frac{\sqrt{5}-1}{2} \approx \cfrac{1}{1+\cfrac{1}{1+\cfrac{1}{1+\cfrac{1}{1+\cfrac{1}{1}}}}} = \frac{5}{8},$$

$$\frac{\sqrt{5}-1}{2} \approx \cfrac{1}{1+\cfrac{1}{1+\cfrac{1}{1+\cfrac{1}{1+\cfrac{1}{1+\cfrac{1}{1}}}}}} = \frac{8}{13},$$

……

黄金比 $\dfrac{\sqrt{5}-1}{2}$ 的分数近似值依次是：$\dfrac{1}{2}$，$\dfrac{2}{3}$，$\dfrac{3}{5}$，$\dfrac{5}{8}$，$\dfrac{8}{13}$，$\dfrac{13}{21}$，$\dfrac{21}{34}$，…，其中所涉及的数是：$1, 2, 3, 5, 8, 13, 21, 34, \cdots$，这竟然是斐波那契数列，即兔子生长级数。关于这个级数，后面就要讲到。

你看，黄金比的涉及面多广啊！

再谈密率与 0.618...

祖冲之的密率 $\dfrac{355}{113}$ 传到日本之后，引起了日本数学家的重视，他们花了很大的力气研究祖冲之是怎样发现密率的。日本的"算圣"关孝和在他的著作《括要算法》中，不加说明地列出 113 个分数：

$$\frac{3}{1}, \frac{7}{2}, \frac{10}{3}, \frac{13}{4}, \frac{16}{5}, \frac{19}{6}, \frac{22}{7}, \cdots, \frac{355}{113}。$$

他想用这些分数说明什么问题呢？关孝和的意思是，$\dfrac{3}{1}$ 及 $\dfrac{4}{1}$ 这两个分数是 π 的最粗糙的两个近似值：不足近似值 $\dfrac{3}{1}$ 记作 $\dfrac{3}{1}^{(-)}$，过剩近似值 $\dfrac{4}{1}$ 记作 $\dfrac{4}{1}^{(+)}$。从这两个分数着手，可以渐渐精确，最终得到密率 $\dfrac{355}{113}$。

怎么"渐渐精确"呢？可以用 π 的不足近似值 $\dfrac{3}{1}^{(-)}$ 和过剩近似值 $\dfrac{4}{1}^{(+)}$ 构成一个新分数：

$$\frac{3+4}{1+1} = \frac{7}{2}。$$

注意这不是 $\dfrac{3}{1}$ 和 $\dfrac{4}{1}$ 的算术平均数，而是 $\dfrac{3}{1}$ 和 $\dfrac{4}{1}$ 的"加成分数"（它的分子、分母分别等于原来两个分数分子之和、分母之和），这个加成分数必然介于 $\frac{3}{1}$ 与 $\frac{4}{1}$ 之间：

$$\frac{3+4}{1+1} = \frac{7}{2}。$$

它是 π 的过剩近似值，记作 $\frac{7^{(+)}}{2}$。

然后求 $\frac{3^{(-)}}{1}$ 与 $\frac{7^{(+)}}{2}$ 的加成分数，它介于 $\frac{3}{1}$ 与 $\frac{7}{2}$ 之间：

$$\frac{3+7}{1+2} = \frac{10^{(+)}}{3}。$$

再求 $\frac{3^{(-)}}{1}$ 和 $\frac{10^{(+)}}{3}$ 的加成分数：

$$\frac{3+10}{1+3} = \frac{13^{(+)}}{4},$$

接下去，有：

$$\frac{3+13}{1+4} = \frac{16^{(+)}}{5},$$
$$\frac{3+16}{1+5} = \frac{19^{(+)}}{6},$$
$$\frac{3+19}{1+6} = \frac{22^{(+)}}{7},$$

得到了"疏率"。再接下去，有：

$$\frac{3+22}{1+7} = \frac{25^{(-)}}{8},$$

它是不足近似值，为此求 $\dfrac{25^{(-)}}{8}$ 与 $\dfrac{4^{(+)}}{1}$ 的加成分数：

$$\dfrac{25+4}{8+1}=\dfrac{29^{(+)}}{9}。$$

再求 $\dfrac{3^{(-)}}{1}$ 与 $\dfrac{29^{(+)}}{9}$ 的加成分数：

$$\dfrac{3+29}{1+9}=\dfrac{32^{(+)}}{10}，$$
……

直至求得 $\dfrac{355}{113}$ 为止。

肯动脑筋的同学一定会发现，求出 $\dfrac{25^{(-)}}{8}$ 以后，没有必要求 $\dfrac{25^{(-)}}{8}$ 与 $\dfrac{4^{(+)}}{1}$ 的加成分数。改求 $\dfrac{25^{(-)}}{8}$ 和 $\dfrac{22^{(+)}}{7}$ 的加成分数更好，因为可以一下子得到：

$$\dfrac{25+22}{8+7}=\dfrac{47^{(-)}}{15}。$$

这样一改进，求出密率就不需要 113 步了，只要 24 步即可：

$\dfrac{3^{(-)}}{1}$，$\dfrac{4^{(+)}}{1}$，$\dfrac{7^{(+)}}{2}$，$\dfrac{10^{(+)}}{3}$，$\dfrac{13^{(+)}}{4}$，$\dfrac{16^{(+)}}{5}$，$\dfrac{19^{(+)}}{6}$，$\dfrac{22^{(+)}}{7}$（疏率），$\dfrac{25^{(-)}}{8}$（东汉蔡邕曾用过），$\dfrac{47^{(-)}}{15}$，$\dfrac{69^{(-)}}{22}$，$\dfrac{91^{(-)}}{29}$（东汉张衡曾用过 $\dfrac{92^{(+)}}{29}$），$\dfrac{113^{(-)}}{36}$，$\dfrac{135^{(-)}}{43}$，$\dfrac{157^{(-)}}{50}$（刘徽用过，称为徽率），

$$\frac{179^{(-)}}{57}, \frac{201^{(-)}}{64}, \frac{223^{(-)}}{71}, \frac{245^{(-)}}{78}, \frac{267^{(-)}}{85}, \frac{289^{(-)}}{92}, \frac{311^{(-)}}{99}, \frac{333^{(-)}}{106},$$

$$\frac{355^{(+)}}{113} \text{（密率）。}$$

同样的方法也可用于黄金比，以 $\frac{0^{(-)}}{1}$、$\frac{1^{(+)}}{1}$ 作为计算黄金比的起点，利用加成法可以得到下列结果：

$$\frac{0^{(-)}}{1}, \frac{1^{(+)}}{1}, \frac{1^{(-)}}{2}, \frac{2^{(+)}}{3}, \frac{3^{(-)}}{5}, \frac{5^{(+)}}{8}, \frac{8^{(-)}}{13}, \frac{13^{(+)}}{21}, \frac{21^{(-)}}{34}, \cdots$$

它们恰巧与用连分数法求得的一系列分数完全相同。

加成法简单得无与伦比，连小学生都不会感到困难。由于我国古代天文学家在编制历法时广泛运用加成法（古代称"调日法"），难怪我国有些数学史家认为祖冲之的密率来自加成法。

华罗庚的"锦囊妙计"

我国著名数学家华罗庚教授曾是中国科学院的副院长，一生发表了 200 多篇学术论文，出版了 10 部专著。

在理论上有杰出成就的华罗庚教授，生前十分热心地在工程技术人员和工人中普及数学方法。1973 年的一天，华罗庚到河南洛阳市为工人讲课。刚讲完课，洛阳拖拉机厂的一位工人师傅就前来请教。

在机床上，常常要用一对齿轮来指定两根旋轮轴的转速比（i）。譬如，用一对齿轮使主动轴与被动轴的转速比为 3，那么装在主动轴上的齿轮（主动轮）和装在被动轴上的齿轮（被动轮）的齿数各应是几呢？不难看出，主动轮的齿数应是被动轮齿数的 $\frac{1}{3}$。如图 1，我们使主动轮为 20 齿，被动轮为 60 齿；或者使主动轮为 25 齿，被动轮为 75 齿……就可以了。显然，有如下公式（其中 z_1 为主动轮的齿数，z_2 为被动轮的齿数）：

$$i = \frac{z_2}{z_1} \, 。$$

这是两个齿轮配对的情形。此外，在工厂中，还常利用四个齿轮配组。如图 2，齿数为 z_1 的齿轮与齿数为 z_2 的齿轮配对，齿数为 z_3 的齿轮与齿数为 z_4 的齿轮配对，而齿数为 z_2、z_3 的两个齿轮装在同一根轴上。对于这种齿轮组，转速比公式为：

$$i = \frac{z_2}{z_1} \cdot \frac{z_4}{z_3} \circ$$

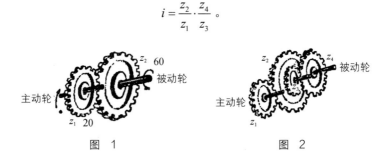

图 1　　　　　　　　　　图 2

　　这位洛阳工人提问，如果指定的转速比是 π，应挑怎样的四个齿轮配组呢？也就是说，首先要将 π 近似地表示为一个分数，然后，将分子、分母分别分解为两因数之积，这些因数就是齿轮的齿数。不过，这四个因数不能太大，也不能太小，因为我们不可能造出 1 万个齿的齿轮，更不可能造出 2 个齿的齿轮。

　　这位工人又说，可以从机械手册上查到这些因数：

$$\pi \approx \frac{377}{120} = \frac{52 \times 29}{20 \times 24} \circ$$

但是，误差达千分之一。他自己也找到一组因数：

$$\pi \approx \frac{2108}{671} = \frac{68 \times 62}{22 \times 61},$$

误差不过一百万分之四。他问，还有比这更好的因数吗？

　　这是一个相当棘手的问题，因为华罗庚一天之后就要离开洛阳，而在这一天中华罗庚还有很多很多的事要做。在即将离开洛阳时，华罗庚在火车站抽空思考了一下，匆匆地写了一张纸条，记下了一个算式：

$$\frac{377}{120} = \frac{22+355}{7+113} ,$$

并把它交给了留在洛阳的助手。

这张纸条上写的是很有意义的一组数。众所周知，$\frac{22}{7}$ 是阿基米德首先使用的疏率，$\frac{355}{113}$ 是祖冲之首先使用的密率，而 $\frac{377}{120}$ 又是古希腊著名天文学家、数学家托勒密首先使用过的 π 的近似分数。华罗庚指出的 $\frac{377}{120}$ 是 $\frac{22}{7}$ 和 $\frac{355}{113}$ 的加成分数。但是，这组数字对解开这个问题又有什么意义呢？

"强将手下无弱兵"，助手看到了这张纸条，马上领会了导师的意图。经过一番努力，他找到了两个更好的结果，其中一个分数是最好的。他首先求 $\frac{22}{7}$ 与 $\frac{355}{113}$ 的加成分数，得到 $\frac{377}{120}$，然后再求它与 $\frac{355}{113}$ 的加成分数，再求这个新的结果与 $\frac{355}{113}$ 的加成分数……连求 11 次，即

$$\pi \approx \frac{22+11\times355}{7+11\times113} = \frac{3927}{1250} = \frac{51\times77}{50\times25} ,$$

误差只有一百万分之二。说来也巧，这个分数正好是刘徽用割圆术所得的 π 值。

1980 年，华罗庚出席第四届国际数学教育会议，作为四位主讲人之一在会上做了报告。在此次报告中，他讲述了这件小事。

话说 e

情有独钟

谷歌公司是赫赫有名的高科技企业，公司里人才济济，公司股东也赚得盆满钵满。

2004 年，在美国硅谷的交通动脉 101 公路上出现了一块巨大的广告牌，上面有一道数学题：{e 的连续数字中最先出现的 10 位素数}.com。这道题的意思是什么？这好像是一个网址。仔细想想，大概要找到 e 中最先出现的 10 位素数。e 是什么？还要找 e 的什么素数？数学水平不够的人肯定被弄糊涂了。

这是第一道题。有人弄懂了，而且找到了素数，在进入网址后会看到谷歌公司出的第二道数学题。解出这道数学题，你才有资格正式进入谷歌公司的应聘程序。可见，谷歌多么重视数学人才！在高科技公司工作嘛，精通数学是必需的。我国的华为公司里不是也有 700 多位数学家嘛。

还是在 2004 年，谷歌公司准备上市。在相关文件中，公司宣布将预计募集价值为 2 718 281 828 美元的股票。这个数字看上去怪里怪气的，但实际上，它正好是无理数 e 的前几位数。看来谷歌公司对 e 情有独钟。

揭开 e 的本意

e 到底是什么东西，凭什么让谷歌公司如此着迷？

e 是一个重要的无理数，名气虽然不如圆周率大，但其重要程度丝毫不亚于圆周率。我们在中学数学里学到了对数，说"以 e 为底的对数叫自然对数"。它究竟是怎样的一个无理数，为什么以 e 为底的对数叫"自然"对数？这看起来太不自然了！要说清楚也不太容易。e 的数值等于 2.718 281 828 4...它有什么特殊的意义吗？

假如你现在手里有 1 元钱，并想用这 1 元钱生出更多的钱来，于是，你把它存到了银行里。如果年利率是 100%，那么一年之后，这 1 元钱就会变成 2 元钱。但是你觉得等 1 年太长了，半年算一次行不行？

银行说："没问题呀，一年的利率是 100%，那半年的利率就是 50% 了。"

你一想："好啊，我可以过半年把钱取出来再存进去，这样就能实现利滚利了呀！"

$$\left(1+\frac{100\%}{2}\right)^2 = 2.25 \text{（元）。}$$

这样一来，一年之后，这 1 元钱就变成了 2.25 元钱，比之前的 2 元多了 0.25 元呢！

能不能再多赚点呢？当然可以，如果把取钱、存钱的频率缩短到每 4 个月操作一次，获得的利息还可以进一步增长：

$$\left(1+\frac{100\%}{3}\right)^3 \approx 2.370\ 37 \text{（元），}$$

又多赚了 0.12 元。甚至，如果你能够月月取钱、存钱，那么可以得到

$$\left(1+\frac{100\%}{12}\right)^{12} \approx 2.613\ 04（元）。$$

如果天天取，还能获得更大的收益哦！那么，靠着这种方法，你能不能变成一个大富翁？

不会的。大家有没有发现，每次缩短取钱时间，利息是多了，但增长的幅度也越来越小了。事实上，这个数额确实最终会趋近于一个极限：

$$e = \lim_{n \to \infty}\left(1+\frac{1}{n}\right)^n,$$

这个极限值大约是 2.718…，为了方便，我们把它记作 e。

这就是 e 的来历。只要涉及和"增长"有关的概念，比如生物的生长与繁殖、放射性物质的衰变、复利问题等，e 就会出现。e 代表的是某种增长的极限值，是一种内在规律。

怎么样，这样看来，e 是不是挺"自然"的？怪不得数学里把以 e 为底的对数称为自然对数。

数学与爱情

岂有此"（定）理"：开普勒的婚姻问题

著名科学家开普勒在他的第一任夫人过世后，四处给家里寻找一位新女主人。这位严谨的科学家认真记录下了"面试"11 位续弦"候选人"的心路历程。

第一位，"长相太难看"。拜拜喽！

第二位，"养尊处优"。咱们受不了，再见。

第三位，"曾经被许配给一个有私生子的人，经历太复杂"。肯定管不住她的，否！

第四位，"身材高挑，气质不凡"……有点儿吸引人啊。

不过，开普勒还想看看第五位候选人，因为有人告诉他，这第五位女士集谦虚、节俭、勤奋等优点于一身。在看了第五位女士之后，开普勒犹豫了：究竟选第四位，还是第五位？结果，他犹豫了太长时间，以至于第四位和第五位女士都不耐烦地离开了。

啊呀！他竟然不知道中国的一句名言："该出手时就出手。"（噢，开普勒不是中国人，不懂中国文化，可惜！）

第六位候选人是一位"衣着华丽的大小姐"，这把开普勒吓了一跳，他有点儿担心要支付高昂的婚礼费用——他可付不起。

第七位女士很迷人，开普勒也很喜欢她。由于没见过全部 11 位"候选人"，开普勒心有不甘。他让这位女士等他看完所有"候选人"后再做决定，但不愿意等人的第七位女士也离开了。

看，他怎么不长记性？

第八位女士，开普勒对她不怎么关心。看得太多了，他大概产生审美疲劳了。

第九位候选人"体弱多病"。开普勒肯定不考虑她，他还做梦要老婆伺候自己呢。让他伺候人家？没门！

第十位女士有着"没什么要求的普通人"也无法接受的体型——她八成是比杨贵妃还要丰满了。

最后一位候选人还是个小姑娘，也不合适。

开普勒见过了全部 11 位"候选人"，一位也没有确定下来。开普勒开始想，哪里出错了？

其实开普勒所需的是一种优化策略，是一种不能保证最成功，但能将失望降至最低的方法。这个问题叫开普勒的婚姻问题，对于选择其他人员也一样。比如你聘用员工，要逐一面试 20 个候选人。在面试每一个人之后，你必须决定要不要这个人：要，就选择结束；不要，那就喊下一位——不能回头！一旦决定聘用，选择就结束。

根据马丁·加德纳在 1960 年的说法，最好的办法是先面试前 36.8% 的候选人，但不聘用他们。在此之后，一旦遇到比前面这 36.8%

里最好的候选人还好的，立即聘用。为什么是 36.8% 呢？这个答案牵扯到神秘的无理数 e，它的倒数是 $\frac{1}{e} \approx 0.368$。这个公式经过了无数次的验证，尽管不能保证结果最优，但你有 36.8% 的机会找到合适的人选。

如果开普勒当年用了这个公式，会怎样呢？11 的 36.8% 的是 4，所以他要"刷掉"前四位女士，从第五位开始，只要她比前四位好，开普勒就应该立即去求婚。也就是说，经过一番折腾后，开普勒会和第五位女士结婚。可惜，现在说这些都是马后炮啦！

爱情公式……

不但选择爱人需要用到数学，而且爱情也有自己的公式——这些数学家真想得出来啊。

英国爱丁堡大学的数学家阿·菲利普、心理学家戴维·路易斯和人际关系学家弗里克·艾弗瑞设计出了第一个爱情公式：

$$L = \frac{\frac{F+Ch+P}{2} + \frac{3(C+I)}{10}}{(5-SI)^2 + 2} 。$$

这个公式是怎么得到的呢？实用不实用？我们且看下去再说。

其中，L 表示量化的爱情值，F 表示自己对对方的好感，Ch 表示对方的魅力，P 表示看到对方时自己的兴奋程度，C 表示自己的信心，I 表示亲密程度，SI 表示自我形象。这一公式的依据是恋爱双方的主观感受和直觉。据发明者们说，初次约会的男女可以凭借这个公式判断是否需要第二次相约。约会者从 1 到 10 分为自己的情况打分，再将自己和对方的信息数字化后，代入公式，就能算出恋爱的成功概率。如果总分为 8 到 10 分，代表二人能发展出一段浪漫的爱情；如果总分为 5 到 6 分，则代表二人目前感觉还不错，但结果不甚明了；分数为 4 到 5 分则代表比较冷淡；低于 4 分则代表这段感情恐怕要"竹篮打水一场空"了。

一个数学玩笑

在 1975 年《科学美国人》的 4 月号上，数学游戏专栏作家马丁·加德纳推出了一个"定理"：

$$N = e^{\pi\sqrt{163}} \text{ 是一个整数。}$$

式中的 e 等于 2.718 281 828 459 045 235 360 287 471 352 662 49…，同 π 一样，是一个著名的无理数，不过 e 在对数和高等数学中用得多一些。

如果这个命题正确，那么人们就找到了一个联结两个重要的无理数 π 和 e 的简单关系式。法国巴黎有个"发现宫"，其中有一个数学陈列室，在古代数学展览室与近代数学展览室之间的墙壁上写着一个式子：$e^{i\pi} = -1$。这个式子表示了 e 与 π 之间的关系，这已经是很了不起的事了。但是这个式子中包含了一个复杂的因素——复数 i，没有 $e^{\pi\sqrt{163}}$ 来得简单明白。而且，由三个无理数 e、π 和 $\sqrt{163}$ 组成的这个数竟然是整数，实在让人吃惊。

《科学美国人》杂志的读者中有不少数学爱好者，一开始，他们企图用袖珍计算器进行验算，但是马上发现验算无法进行，因为这个结果太大，计算器用科学记数法给出了答案，它是 $2.625\ 374\ 1\times10^{17}$，无法判断它是不是整数。

有人用电子计算机验算，一开始，他们算出具有 20 位有效数字的结果：

$$N = 262\ 537\ 412\ 640\ 768\ 743.99。$$

这个 0.99 是十分模糊的东西，它说明 N 可能不是整数，也可能是整数，是计算造成了这 0.01 的误差。没有办法，必须再算得精确些，算到 25 位有效数字！结果是

$$N = 262\ 537\ 412\ 640\ 768\ 743.999\ 999\ 9。$$

糟糕，仍是一个捉摸不定的结果。

直到算出 33 位有效数字时，这才水落石出，真相大白。这时计算机告诉我们，

$$N = 262\ 537\ 412\ 640\ 768\ 743.999\ 999\ 999\ 999\ 250。$$

这说明 N 根本不是一个整数！

原来，4 月 1 日是西方的愚人节，在这一天，开玩笑无罪。这个"定理"就发表在 4 月 1 日，是马丁·加德纳跟读者开的一个玩笑。

这个问题是由印度的"奇才"、数学家拉玛努金首先提出的，当时他怀疑 N 是个整数。问题经马丁·加德纳一推广，影响就大了。有人认真地去计算，也有人以讹传讹，直到 1991 年，《数学趣闻集锦》一书（作者是美国人 T. 帕帕斯，这本书直到 1996 年还在重印）还声称"美国亚利桑那大学的约翰·布里洛证明了这个数等于 262 537 412 640 768 744"。不过该书的作者谨慎地加了一句话："他真的证明了吗？"（在该书被译为中文版时，译者纠正了这个错误。）可见，这个玩笑被误传到了什么程度。

第三篇

式和方程

方程就是好

在小学数学里，鸡兔同笼这类难题已被淡化了，因为这类问题用算术方法解太困难。所谓的鸡兔同笼问题是这样的：

鸡兔同笼，数一下，一共有 74 个头，234 只脚。问笼里有几只鸡、几只兔？

如果我们知道鸡与兔的数量，那么计算笼里一共有几个头、几只脚是十分方便的。因为一只鸡有一个头，一只兔子也有一个头，鸡的数量与兔子的数量加起来，就是笼里头的个数；因为一只鸡有 2 只脚，一只兔子有 4 只脚，所以，鸡的数量乘 2，加上兔子的数量乘 4，就得到笼里脚的数目。可现在是反过来的，我们不知道鸡的数量和兔的数量，却知道它们的头的总数和脚的总数，求鸡、兔的数量。这确实难住了不少同学。有些没有耐心的同学会抱怨出题人："你就不能在数数时，数清楚有几个鸡头、几个兔头吗？"

那么，用算术方法怎么做这个题呢？可以像如下这样思考：

假想笼里的兔子全像人一样"唰"地用双腿（后腿）站立起来，这时，头的数量仍是 74 个，脚的数量一定是

$$74 \times 2 = 148 （只），$$

但题目告诉我们笼里原有 234 只脚。从 234 只中减去 148 只，还有

$$234 - 148 = 86（只）。$$

当兔子的前脚在"唰"地站起来时，这些脚就从笼的底层消失了，而每只兔子有 2 只前脚消失，所以，86 只前脚属于

$$86 \div 2 = 43（只）$$

兔子。

兔子的头数求出来了，从总头数 74 中减去兔子数 43，就知鸡有

$$74 - 43 = 31（只）。$$

你看，用算术解这个问题还得有丰富的想象力，要想象兔子"唰"地一下子全站立起来！算术解法难的原因何在？无非是算术解法中只允许已知数参与运算。其实，尽管鸡的数量、兔子的数量是未知的，然而一旦求出，它们就是已知数，我们暂时把它们当作已知数，让它们参与运算，这样问题就好解决了。

设鸡有 x 只，那么兔子有 $(74 - x)$ 只。因为鸡有 2 只脚，兔有 4 只脚，所以一共有

$$2x + 4(74 - x)$$

只脚。而题目中说，笼里共有 234 只脚，所以

$$2x + 4(74 - x) = 234。$$

不难解出

$$x = 31（只）。$$

于是可知鸡有 31 只，兔有 43 只。

别小看了"未知数参与运算"，这个现在看来很自然的事，在人类发展史上却是一种经历了长期的摸索才产生的数学思想。在初中一年级学习方程时，不少同学的脑子怎么也转不过弯来，拿到一道应用题，还是在用算术方法思考，只是最后多写上一个"x"而已。可见，方程思想也不是一下子能被所有人接受的。方程思想在数学中太重要了，可以说它渗透在各个角落中。

诸葛亮的鹅毛扇

张飞得令建造工事和营房，在计算土方时，当然会计算立方。他算啊算，遇到了这样一个式子：

$$\frac{5^3 + 2^3}{5^3 + 3^3},$$

式子又有立方，又是分数，可难了。

张飞请教诸葛亮。诸葛亮过来一看，说："既然难算，这几个指数就不要了吧！"说着，他把鹅毛扇一挥，指数不见了，成了：

$$\frac{5+2}{5+3}。$$

张飞高兴坏了，这样就容易多了，

$$\frac{5+2}{5+3} = \frac{7}{8}。$$

张飞边上的赵云心里有点儿疑惑："可以这样算吗？指数怎么可以随便去掉呢？"他偷偷地检验了一遍：

$$\frac{5^3 + 2^3}{5^3 + 3^3} = \frac{125 + 8}{125 + 27} = \frac{133}{152} = \frac{7}{8}。$$

"居然是对的啊！怎么搞的，去掉指数和不去掉指数的结果是一个样？"赵云也去请教诸葛亮，诸葛亮写下一个锦囊，说："你打开自己看吧！"赵云回去打开锦囊，里面写了一个公式：

$$\frac{a^3+b^3}{a^3+(a-b)^3}=\frac{a+b}{a+(a-b)}。$$

他不禁大叫："原来如此！"

你会证明这个等式吗？利用两数立方和公式即可：

$$左=\frac{(a+b)(a^2-ab+b^2)}{(a+a-b)\left[(a^2-a(a-b)+(a-b)^2)\right]}=\frac{(a+b)(a^2-ab+b^2)}{(2a-b)(a^2-ab+b^2)}$$

$$=\frac{a+b}{a+(a-b)}=右。$$

鲁智深和镇关西是怎么吵起来的?

鲁智深去镇关西店里买肉,先要精肉 $\frac{8}{7}$ 斤,再要肥肉 $\frac{8}{7}$ 斤、骨头 $\frac{8}{7}$ 斤、软骨 $\frac{8}{7}$ 斤、腰子 $\frac{8}{7}$ 斤、猪肝 $\frac{8}{7}$ 斤,猪头肉 $\frac{8}{7}$ 斤……

镇关西问:"鲁智深,你还要什么?"鲁智深说:"我最喜欢吃耳朵,也来 $\frac{8}{7}$ 斤。"镇关西冷笑了起来:"老鲁,你说错了吧,是猪耳朵 $\frac{8}{7}$ 斤吧。"鲁智深心想,暂时不要发作,

就顺势说:"我说错了,是猪耳朵。"于是镇关西又切了 $\frac{8}{7}$ 斤猪耳朵。

算账时,镇关西犯难了,8 个 $\frac{8}{7}$ 斤等于多少斤呢? 就是 $\frac{8}{7} \times 8$ 等于多少呢? 鲁智深说:"这还不会算? $\frac{8}{7} \times 8$ 当然等于 $\frac{8}{7} + 8$ 了!"镇关西说:"明明是'$\times 8$',怎么可以随便改成'$+8$'?""就是'$+8$'!"鲁智深这下真急了。

"不可以这么算!"

据说,两人就是这样争吵起来的,后来才有了"鲁智深拳打

镇关西"的故事。

各位看官，鲁智深和镇关西到底谁对谁错？你会认为，鲁智深故意无理取闹，挑起事端吧。其实，老鲁是对的。因为

$$\frac{8}{7} \times 8 = \frac{8}{7} \times (1+7) = \frac{8}{7} \times 1 + \frac{8}{7} \times 7 = \frac{8}{7} + 8。$$

怎么搞的？你放心，没有弄错！对于一般情况有：

$$\frac{n+1}{n} \times (n+1) = \frac{n+1}{n} + (n+1)。$$

不信？你自己证明一下！

盈不足术

我国古代常用"盈不足术"来解题，后来盈不足术传到阿拉伯和欧洲，被称为"契丹算法"。下面一个有趣的例子取材于俄国的马格尼茨基编写的《算术》。

一个家长领着孩子来到学校。家长问教师："老师，您班上有多少学生？我想送我儿子到您班上学习。"

教师答："如果我班学生数增加一倍，再增加我班学生数的 $\frac{1}{2}$，再增加我班学生数的 $\frac{1}{4}$，再加上您的儿子，将有 100 名学生。"

"这个班现有多少学生？"家长犯愁了。

用今天的方法，我们可以设这个班现有 x 个学生，根据题意有

$$x + x + \frac{1}{2}x + \frac{1}{4}x + 1 = 100,$$

可解得

$$x = 36（人）。$$

而原书上是这样解的，先假设学生数为 24 人，根据题意有

$$24 + 24 + 12 + 6 + 1 = 67（人）。$$

这个结果比题目中的 100 人少，差了 33 人。再假设学生数为 32 人，则有

$$32 + 32 + 16 + 8 + 1 = 89 \text{（人）}，$$

差了 11 人。最后，根据公式

$$\frac{32 \times 33 - 24 \times 11}{33 - 11} = 36 \text{（人）}，$$

即班上现有 36 人。检验一下，结果一点儿也没错。

可是，这是怎样的一个公式呢？公式的来历又是怎样的呢？在此介绍一下：设一次方程为 $px - q = 0$，当 $x = a_1$ 时，方程左端的值等于 b_1，当 $x = a_2$ 时，方程左端的值等于 b_2，即有

$$\begin{cases} pa_1 - q = b_1, & (1) \\ pa_2 - q = b_2, & (2) \end{cases}$$

$(1) - (2)$，得

$$p(a_1 - a_2) = b_1 - b_2,$$
$$p = \frac{b_1 - b_2}{a_1 - a_2} \quad \text{（设 } a_1 \neq a_2 \text{）}, \tag{3}$$

$(1) \times a_2 - (2) \times a_1$，得

$$-q(a_2 - a_1) = a_2 b_1 - a_1 b_2,$$
$$q = \frac{a_2 b_1 - a_1 b_2}{a_1 - a_2}。 \tag{4}$$

所以

$$x = \frac{q}{p} = \frac{a_2 b_1 - a_1 b_2}{b_1 - b_2}。 \tag{5}$$

也就是说，未知数的值应是

$$\frac{\text{第二次假设数} \times \text{第一次误差} - \text{第一次假设数} \times \text{第二次误差}}{\text{第一次误差} - \text{第二次误差}}。$$

对于本题来说，原方程可改写为

$$x + x + \frac{1}{2}x + \frac{1}{4}x + 1 - 100 = 0。$$

第一次假设数和误差为 $a_1 = 24$，$b_1 = -33$，第二次假设数和误差为 $a_2 = 32$，$b_2 = -11$。代入公式，为

$$x = \frac{32 \times (-33) - 24 \times (-11)}{(-33) - (-11)},$$

即

$$x = \frac{32 \times 33 - 24 \times 11}{33 - 11} = 36。$$

　　读者可以另设两个数试一试，看求得的结果是不是仍为 36 人。上面所述的两个假设数（24 和 32）都较小，所得结果"不足"100 人，读者可以设两个数都比 36 大，所得结果都超过（"盈"）100 人；也可以设一个数小于 36 人，所得结果"不足"100 人，另设一个数大于 36 人，所得结果超过（"盈"）100 人。这种方法叫"盈不足术"。

　　盈不足术是我国古代数学的重大成就之一，现代的线性插值法的原理就是盈不足。我们简单地讲一讲它的原理。

　　假设一次方程是 $px - q = 0$。它的左端可以被看作一个函数 $y = px - q$。将 $x = a_1$ 代入，$y = b_1$；将 $x = a_2$ 代入，$y = b_2$。这实际上是

待定系数法，这样做可以得到式(3)(4)。于是方程确定了，方程的解(5)也确定了。

如果现在遇到一个非一次函数，但是，其两个值是可以测量出来的，即当 $x = a_1$ 时 $y = b_1$，当 $x = a_2$ 时 $y = b_2$，即函数图像上的两个点 $P(a_1, b_1)$ 和 $Q(a_2, b_2)$ 是确定的，那么在某种情形下，我们可以把这段曲线近似地看作直线段 PQ。这样一来，如果想求这个函数 (a_1, a_2) 内的某数 a_3 的函数值，就可以近似地将 a_3 代入直线段 PQ 的一次函数式。这就是线性插值法，它的本质是在这一小段直线段上"以直代曲"。

东奔西走的狗

这是我国著名数学家苏步青院士在青年时代留学时解过的题目。

甲、乙二人同时同向而行，二人相距 0.5 千米，乙在前面行，甲在后面追。已知甲每小时走 4 千米，乙每小时走 3 千米。甲出发时带了一条狗。这条狗极不安宁，不停地在二人之间来回奔走。假定狗每小时跑 10 千米，那么，当甲追上乙时，这条狗一共跑了多少千米?

对于这道题，如果一段一段地计算路程，譬如，先算狗追及乙的时间和路程，再算狗回头跑与甲相遇的时间和路程，再算狗掉头追乙的时间和路程……这将是非常麻烦的。然而，从整体上着手解这道题就比较方便。

算术解法如下：甲追及乙的时间是

$$0.5 \div (4 - 3) = 0.5（小时），$$

这说明这条狗来回奔走了 0.5 小时，所以，这条狗共跑了

$$10 \times 0.5 = 5（千米）。$$

方程解法如下：设这条狗共跑了 x 千米，那么它跑了 $\dfrac{x}{10}$ 小时，而这就是甲追及乙的时间，所以，

$$\frac{x}{10} = \frac{0.5}{4-3},$$

解得

$$x = 5（千米）。$$

有时候，我们常常被细节问题搞得昏头涨脑，其实，有时用"整体"思想来解决，事情会变得简单得出奇。

塔尔塔利亚和卡尔达诺

大家都知道一元一次方程、一元二次方程的解法，但一元三次方程、一元四次方程怎么解呢？

在意大利一个叫布雷西亚的城市里，有一个小男孩叫尼科罗。在小男孩 6 岁的时候，这个城市遭到了入侵，尼科罗的父亲被杀死，他的舌头被砍伤。在母亲的精心照料下，尼科罗的命保住了，但是他成了一个结巴。于是，这个小男孩的真名被人忘记了，人们都叫他"塔尔塔利亚"——在意大利语中，"塔尔塔利亚"就是"结巴"的意思。

塔尔塔利亚长大以后，学习非常刻苦，他虽没有上过一天学，但后来竟然当上了中学数学教师。我国古代的文人喜欢出个对子，让对方对一对，那时的意大利的知识分子则有互相出数学题考对方的风气。塔尔塔利亚就和一位数学家菲奥尔进行过一场"数学竞赛"。

竞赛的方式是两人各出 30 个题目，互相交换，50 天后公布解答的结果，谁解出的题目多，谁就算胜利者。由于解一元三次方程是当时的热点，而菲奥尔在解一元三次方程方面有一定的心得，因此塔尔塔利亚料想对手一定会出这方面的题目。于是，他拼命地研究，终于获得了解一元三次方程的重要成果。

约定比赛的时间到了，那天是 1535 年 2 月 22 日。两人各带了 30 个题目，在公证人面前互相交换。塔尔塔利亚只花了两个小时，当场就把菲奥尔出的 30 个题目全部解了出来。因为菲奥尔出的题全是解形如 $x^3 + px + q = 0$ 的比较简单的三次方程。而菲奥尔却花了 50 天，竟然没有做出塔尔塔利亚出的一道题。因为塔尔塔利亚出的题目是形如 $x^3 + px^2 + q = 0$ 的三次方程。尽管这也是一种特殊的三次方程，但比较难。菲奥尔没有研究过这类问题，所以一道题也做不出来。

30：0，塔尔塔利亚取得了绝对的胜利！这个消息很快传遍了意大利的数学界，一个名不见经传的小人物轰动了整个意大利。后来，塔尔塔利亚公布了他所出的题的答案，但是拒绝透露解法。他要在彻底解决一元三次方程的解法之后，再用著作的形式将解法公之于世。

事情并没有到此结束。历史上有一个叫卡尔达诺的人。此为何许人也？他是个医生、数学家，但同时也是个赌徒，还是个替人占卜算命的江湖人。卡尔达诺既是个学者，又是个无赖：作为数学家，他开创了概率论，在代数方面有所建树；作为无赖，他经常满口胡言。传说他有一次大怒，竟将自己儿子的耳朵割掉了。还有一次，罗马教皇叫他为自己算算命，卡尔达诺煞有介事地算出了自己的死期是 1576 年 9 月 21 日。可是到了那天，他还是平安无事。怎么办？为了所谓的"声誉"，他竟然自杀了。

卡尔达诺起初"诚心诚意"地要求拜塔尔塔利亚为师，求教一元三次方程的解法。塔尔塔利亚开始不答应，但卡尔达诺好话说尽，使塔尔塔利亚不得不软下心来。在卡尔达诺起誓不泄露秘密的条件下，老实本分的塔尔塔利亚终于用一首语句晦涩的诗，将自己后来研究出来的一元三次方程的一般解法告诉了卡尔达诺。

卡尔达诺是个一点就通的人，不久就破译了这首诗，弄清了一元三次方程的一般解法。

转眼间，卡尔达诺将一元三次方程的解法写进了自己的著作《大术》中。所以，后人把一元三次方程的求根公式称为"卡尔达诺公式"。其实，这是塔尔塔利亚的成果。

这可把塔尔塔利亚气昏过去了。他要求和卡尔达诺决斗。在当时，只要一方提出决斗，哪怕他的对手明知要死，也得应战，否则会被人们嗤之以鼻，没脸做人。所以，卡尔达诺只能应战。但是到了竞赛那天，卡尔达诺自己没有出席，而是派了他的仆人兼学生费拉里出场。这是违反规则的，但塔尔塔利亚还是同意了。不过，塔尔塔利亚要求，如果费拉里输了，卡尔达诺必须应战。卡尔达诺答应了。结果，费拉里以 1 比 30 被打败了。在这种情况下，塔尔塔利亚再次要求卡尔达诺出场。卡尔达诺耍出了流氓手段，让一帮流氓冲进了会场……塔尔塔利亚告天天不应，喊地地不灵，最后含恨死去。这是数学史上的一个大冤案。

又过了几年，卡尔达诺的学生费拉里求得了一元四次方程的求根公式。这个公式叫"费拉里公式"。卡尔达诺公式和费拉里公式都很烦琐。在实际计算时，对于一元三次、四次方程都会用近似计算的方法。所以，我们就不将它们介绍给读者了。

前面说过，虽然卡尔达诺是个无赖，但是他确实还是很有才华的，在数学史上也有重大贡献。这里我将介绍他是怎样用图解法解一元二次方程的。

例如，求解二次方程：$x^2 + 6x = 91$。卡尔达诺是这样解的：先

画一个图（图 1）

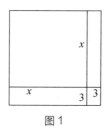

图 1

图中的大正方形面积等于

$$(x + 3)^2 = x^2 + 2 \times 3x + 9,$$

根据题意，

$$x^2 + 6x = 91,$$

所以，

$$(x + 3)^2 = 91 + 9 = 100,$$

也就是说，

$$x + 3 = 10,$$
$$x = 7。$$

　　当时，卡尔达诺得出的是正根，我们现在知道，–13 也是这个方程的根。同时，我们也不难弄清楚，卡尔达诺的这个图解法就是今天的配方法的雏形。

迟到的聘书

1802 年，在挪威的一个穷牧师家里，一个小男孩诞生了，他就是后来成为伟大数学家的阿贝尔。一直到 13 岁那年，阿贝尔才靠一份奖学金进了一所教会学校读书，在学校里遇到了数学上的恩师霍尔姆伯。这位老师高明的教学方法激发了大家的学习积极性，阿贝尔从此爱上了数学。

有一次，老师讲起了一个数学故事，那就是塔尔塔利亚和卡尔达诺的故事。之后，老师深情地说："一元三次、四次方程的求根公式被找到之后，数学家们致力于寻找一元五次方程的求根公式。找啊，找啊，二百多年过去了，还没有找到。""我倒不信邪，我偏要找到一元五次方程的求根公式。"老师的话激起了阿贝尔研究这个问题的想法。

不久后，阿贝尔写了一篇关于一元五次方程的论文，交给了霍尔姆伯。老师看不懂，只好把论文转交给自己的老师克里斯托弗·汉斯廷教授。可能因为这个问题不是自己的研究领域，汉斯廷教授也看不懂，又将论文转给了丹麦著名数学家卡尔·费尔迪南·德根。

德根没有发现论文中有什么错误，但这位经验丰富的数学家建议阿贝尔用举例的办法来验证自己的论文的正确性。阿贝尔在验证之后，真的发现了错误，于是就收回了论文。但是，阿贝尔没有泄气，一心要啃下这块硬骨头。经过几年的研究，他终于得出了一个惊人的结论：一般的一元五次和五次以上方程的求根公式根本不存在。说得确切一些，就是不可能用方程的系数经过加、减、乘、除、乘方、开方运算的式子将一般的一元五次和五次以上的方程的根表示出来。

然而，数学界没有理睬阿贝尔，以为这个 22 岁的年轻人在胡说八道。阿贝尔将论文寄给当时的一些数学家审阅，可惜因为论文太简洁，没有人能够看懂。大数学家高斯收到他的论文后，只是轻轻地嘀咕了一句："又是一个可怕的怪物！"就将论文扔到一边去了。而另一位大数学家柯西竟将他的论文弄丢了。

阿贝尔一直生活在贫困之中，给人补习功课是他唯一的经济来源。不久，他染上了肺病。连吃饭都成问题，哪有钱治病啊！1829 年 4 月 6 日，阿贝尔过早地离开了人世。那时，他才 27 岁。

由于阿贝尔的成果一直没有受到学术界的重视，因此他从来没有一个正式的教学岗位。在他死后两天，邮局送来了德国柏林大学的聘书。可惜太晚了！

中国余数定理

金庸是现代著名武侠小说作家。金先生博古通今，竟然对数学也颇有造诣。

在《射雕英雄传》中，瑛姑的绰号是"神算子"，而黄蓉的爹——"东邪"黄药师擅长"奇门数术"。瑛姑经常用数学题和黄蓉过招。黄蓉临走时，也不忘给瑛姑出了三道难题。

第一道是包括日、月、水、火、木、金、土、罗、计都的"七曜九执天竺笔算"；

第二道是"立方招兵支银给米题"；

第三道是"鬼谷算题"："今有物不知其数，三三数之剩二，五五数之剩三，七七数之剩二，问物几何？"

这三道数学题竟然出现在了小说里，这除了说明作者知识渊博之外，也说明这三道数学题来头不小。其中第三道题最有名，涉及数论中的"中国余数定理"，又称"孙子定理"，在世界数学史上有很高的地位。下面我们来介绍一下这个定理。

一盘围棋下完后，同学甲突然问同学乙："棋盘上有多少黑子？"同学乙将棋盘上的黑子数了一下，似乎有所悟，但他只是说："如果三个三个地数，那么最后余下两个；五个五个地数，最后余下三个；七个七个地数，最后余下四个。棋盘上黑子的数目正好符合这个情况。"说完，他们俩都会心地笑了。

棋盘上的黑子到底有多少个呢？原来他们正好碰上了类似《孙子算经》中讲到的一道题。《孙子算经》是我国古代的一部优秀数学著作。对这类问题，我国古代数学史上还称之为"鬼谷算""秦王暗点兵""剪管术""隔墙算""神奇妙算""大衍求一术"，等等。

这个问题用数学语言叙述就是：

某数除以 3 余 2，除以 5 余 3，除以 7 余 4，求某数。

这个问题的解题思路是，先从"除以 3 余 2"的数中找"除以 5 余 3"的数，再从"除以 3 余 2，除以 5 余 3"的数中找"除以 7 余 4"的数，并得到答数。

古人经过精心研究，找出解题规律，并用口诀形式来表示：

> 三人同行七十稀，
>
> 五树梅花廿一枝，
>
> 七子团圆正半月，
>
> 除百零五便得知。

它的意思是：用 70 乘"除以 3"所得的余数 2，21 乘"除以 5"所得的余数 3，15 乘"除以 7"所得的余数 4，然后将所得的积加起来。如果所得的和大于 105，则减 105；如果这个差还大于 105，则再减，直到最后得到答数。

具体算式是：

$$70 \times 2 + 21 \times 3 + 15 \times 4 = 263,$$

$$263 - 105 = 158,$$
$$158 - 105 = 53。$$

这里挑选 70、21、15 去乘余数，主要是考虑到 70 是除以 3 余 1、除以 5 与除以 7 都能除尽的数，21 是除以 5 余 1、除以 3 与除以 7 都能除尽的数，15 是除以 7 余 1、除以 3 与 5 都能除尽的数，而 105 又是除以 3、除以 5、除以 7 都能除尽的数。

有了这个口诀后，我们可以做余数不同的这一类题目了。不妨再举一例：某数除以 3 余 1，除以 5 余 2，除以 7 余 6，求某数。具体算法如下：

$$70 \times 1 + 21 \times 2 + 15 \times 6 = 202,$$
$$202 - 105 = 97。$$

所以某数是 97，验算一下果真没错。

20 世纪 60 年代，华罗庚曾就"孙子定理"为中学生做过报告，题为"从孙子的神奇妙算谈起"。在报告中，华罗庚从"笨算法"谈起，娓娓道来，最后峰回路转，竟然把这个问题和拉格朗日插值法等高等数学知识联系起来，真是魅力尽显。

中国余数定理在数学中应用广泛，意义重大。到了近现代，人们发现它在电子计算机的设计中也有重要应用。1970 年，22 岁的苏联数学家马季亚谢维奇解决了希尔伯特在 1900 年国际数学家大会上提出的 23 个数学难题中的第十个问题。在解题的关键一步上，他就用到了中国余数定理。

佩尔方程

1066 年 10 月 14 日，欧洲发生了一场名为"黑斯廷斯战役"的残酷战争，这场战争导致了盎格鲁–撒克逊人的沦亡。据传，盎格鲁–撒克逊人组成了 61 个方阵来迎战诺曼人，每个方阵的人数都相等。后来，盎格鲁–撒克逊国王哈罗德一跃而起，亲自加入队伍中，并将队伍重新组成了一个大方阵。双方厮杀了一阵子之后，盎格鲁–撒克逊人最终败在诺曼人手下。

在这个可歌可泣的故事之中，有一个数学问题。如果盎格鲁–撒克逊人原先组成的方阵的每边有 x 人的话，那么每个方阵有 x^2 人。61 个方阵共有 $61x^2$ 人，然后加上国王本人，又变成了一个大方阵。如果这个大方阵每边有 y 人，则可列出方程

$$61x^2 + 1 = y^2 。 \tag{1}$$

或者

$$y^2 - 61x^2 = 1 。 \tag{1'}$$

这是个二元不定方程，是一个历史悠久的难题。至于这类方程为什么叫"佩尔方程"，这纯粹出于误会。原来，大数学家欧拉弄错了，误以为约翰·佩尔是提出、研究该方程的数学家，并将它写进著作中。尽管史实早已被弄清，但后人还是将错就错，仍把它叫作佩尔方程。

其实，这一问题早在阿基米德时代就引起了注意。大约在公元

650 年左右，古印度数学家婆罗摩笈多也说过，谁能在一年之内解出 $x^2 - 92y^2 = 1$，就可以算是一个数学家了。其实方程 $x^2 - 92y^2 = 1$ 并不太难解，它的解是两个不太大的数：$x = 1151$，$y = 120$。这说明了当时数学水平的低下，但也说明了佩尔方程早已受到重视。

从这段叙述可知，本文一开头的那个故事并不是佩尔方程的首次亮相。其实根据这个故事列出方程不是很难，但它的解却和故事的内容相差十万八千里，简直达到荒唐的程度。因为方程(1)的解是

$$x = 226\ 153\ 980，$$
$$y = 1\ 766\ 319\ 049。$$

盎格鲁－撒克逊人的军队所列方阵的一个边就有 17 多亿人，它的平方更数不清，大不列颠岛上哪能容得下他们啊！这怎么解释呢？故事毕竟是故事嘛。

佩尔方程如此出名，得益于总给后人制造"麻烦"的费马。在那个年代，数学家之间常常互相挑战，法国人费马向英国人约翰·瓦里斯和勃朗克提出挑战。当时，费马的同胞弗兰尼格已经对一般形式的佩尔方程

$$x^2 - Dy^2 = 1 \qquad\qquad (2)$$

做了比较详细的研究，当 $D \leqslant 150$ 时，方程(2)的最小解都已求出来了。费马要对手求出 $151 \leqslant D \leqslant 200$ 情况下的解，或者至少要求出当 $D = 151$ 和 $D = 313$ 时的解。

结果，英国人对费马怒射来的"球"做出了敏捷、漂亮的反击——瓦里斯求出了

$$x^2 - 151y^2 = 1$$

的解：

$$x = 1\ 728\ 148\ 040,$$
$$y = 140\ 634\ 693。$$

勃朗克也解出了

$$x^2 - 313y^2 = 1。$$

而且，勃朗克说："本勋爵只用了一两个小时就解决了这个问题。"

1817 年，卡尔·费尔迪南·德根写了一本《佩尔方程辞典》，收录了当 $D \leqslant 1000$ 时佩尔方程的解。后来，惠得福又写了一本书，叫《佩尔方程》，给出了当 $1501 \leqslant D \leqslant 2012$ 时佩尔方程的解。欧拉、拉格朗日等大数学家也都研究过佩尔方程。

现在，解佩尔方程的算法已经找到，从理论上说，可以用计算机来求解一切佩尔方程。但因为涉及大数，而且计算机容量和字长有限，所以人们并没有兴趣花时间去彻底地求解它。

社会上常常有"古为今用"的例子。君不见，发源于清朝的旗袍又变成了今天的时装，古代的民居又成了今人钟爱的旅游胜地。数学研究领域中也常常出现此类情形。1900 年，数学家希尔伯特在国际数学家大会上提出了 23 个数学问题，20 世纪的数学成就不少是和这 23 个问题有关的。在研究其中的第十个问题——不定方程的可解性问题时，美国数学家罗宾森利用了佩尔方程的研究成果，对解决第十个问题起了关键作用。最后，第十个问题由马季亚谢维奇解决了。

阿基米德分牛问题

阿基米德的文集里提到过一个著名的"阿基米德分牛问题"。有记载说,阿基米德当时将这道题献给了他的好友——天文学家埃拉托斯特尼。

太阳神有一群牛,有白的、黑的、花的、棕的四种。在公牛中,

白牛多于棕牛,多出的数目相当于黑牛数的 $\left(\dfrac{1}{2}+\dfrac{1}{3}\right)$;

黑牛多于棕牛,多出的数目相当于花牛数的 $\left(\dfrac{1}{4}+\dfrac{1}{5}\right)$;

花牛多于棕牛,多出的数目相当于白牛数的 $\left(\dfrac{1}{6}+\dfrac{1}{7}\right)$。

在母牛中,

白牛数是全体黑牛数的 $\left(\dfrac{1}{3}+\dfrac{1}{4}\right)$;

黑牛数是全体花牛数的 $\left(\dfrac{1}{4}+\dfrac{1}{5}\right)$;

花牛数是全体棕牛数的 $\left(\dfrac{1}{5}+\dfrac{1}{6}\right)$;

棕牛数是全体白牛数的 $\left(\dfrac{1}{6}+\dfrac{1}{7}\right)$。

问：在这群牛中，每种牛各有多少？

作为一个数学问题，它并不太难，也就是说，这个问题并不是以难出名的。我们分别用字母 X、Y、Z、T 表示白、黑、棕、花色的公牛，用字母 x、y、z、t 表示白、黑、棕、花色的母牛，那么，

$$X = \left(\frac{1}{2} + \frac{1}{3}\right)Y + Z,$$

$$Y = \left(\frac{1}{4} + \frac{1}{5}\right)T + Z,$$

$$T = \left(\frac{1}{6} + \frac{1}{7}\right)X + Z,$$

$$x = \left(\frac{1}{3} + \frac{1}{4}\right)(Y + y),$$

$$y = \left(\frac{1}{4} + \frac{1}{5}\right)(T + t),$$

$$t = \left(\frac{1}{5} + \frac{1}{6}\right)(Z + z),$$

$$z = \left(\frac{1}{6} + \frac{1}{7}\right)(X + x)。$$

用 8 个未知数列出 7 个方程，这是个不定方程组，可以解得

$$X = 10\ 366\ 482n,$$

$$Y = 7\ 460\ 514n,$$

$$T = 7\ 358\ 060n,$$

$$Z = 4\ 149\ 387n,$$

$$x = 7\ 206\ 360n,$$

$$y = 4\ 893\ 246n,$$

$$t = 3\ 515\ 820n,$$
$$z = 5\ 439\ 213n。$$

如果取 $n = 1$，那么这个方程组就可以得到最小解。

1773 年，一位叫莱辛的学者发现了一份古希腊的手抄本，经过仔细研究，他确定这是一份珍贵的文物，里面记录了古希腊的伟大数学家曾经提出的分牛问题。过去，这份文献历经了许多代的传抄，却从来没人见过原始资料。现在，有人发现了比较原始的资料，让考古界和数学史界颇为振奋。在这份手抄本中，分牛问题是以诗的形式表达的：

"朋友，请准确地数一数太阳神的牛群，要数得分外仔细。

如果你有几分聪明，那么请说说在西西里岛上吃草的牛有多少头？

它们分成四群，在那里来往散步，

……

当所有的黑、白公牛齐集在一起，就排出一个阵形，纵横相等；

辽阔的西西里原野，布满大量的公牛。

当棕公牛和花公牛在一起，便排成一个三角形，一头公牛排在三角形的顶端；

棕公牛没有一头掉队，

花公牛也头头在场，

这里没有一头牛和它们的毛色不同。

……"

我们透过美丽的诗句可以看出，原先的分牛问题又多了两个附加条件：

1. 黑、白公牛的总数是一个完全平方数，

2. 花公牛和棕公牛的总数是一个三角形数，即形如 $\frac{1}{2}n(n+1)$ 的数。

这样一来，必须把刚才的结果和这两个附加条件联立。经过代入、转化，我们可以得到一个被称为佩尔方程类型的不定方程

$$x^2 - 4\ 729\ 494y^2 = 1。$$

这个方程的最小解是一组 45 位和 41 位的数，对应于这组数的各种牛的数量也是非常、非常之大的。而意大利西西里岛的面积不过 2.57 万平方千米，无论如何岛上是放不下这么多牛的。所以，后人怀疑这个题目是阿基米德编出来的。

由于增加了完全平方数和三角形数这两个附加条件，这个问题变得非常困难，可以说，2000 多年来没有取得真正的进展。

1880 年，一位德国学者经过艰苦的计算工作之后声称，符合附加条件的牛的最小数量是一个 206 545 位数（注意不是"206 545 头牛"），并指出这个惊人的大数的前三位数字是"776"。

1899 年，一个数学爱好者俱乐部的成员们合作研究，算出了这个大数的最右边的 12 位数字和最左边的 28 位数字。可惜，后来有人发现这些数字全都算错了。

再过了 60 年，三个加拿大人运用计算机首次算出了全部答案，但没有公开发表。

直到 1981 年，美国劳伦斯·利弗莫尔国家实验室用"克雷 1 号"巨型计算机终于算出了这个问题的最小解，并缩印在《趣味数学》杂志上。你知道这花了多少篇幅吗？说出来一定让你吓一跳：47 页之多！至此，这个 206 545 位的大数才大白于天下。

阿基米德分牛问题本身好似并没有什么用处，而且还那么不切实际、那么难解。但是，正因为难，它反而成了考核计算机可靠性的绝好工具。数学常常是这样的。所以，不要对有些看来没有用处的、很艰难的、很抽象的数学理论和数学问题过早地下否定的结论。

五家共井

世界上最早的一个不定方程问题，是记载在《九章算术》中的"五家共井"问题：

五户人家合用一口井，井深比两条甲家绳长还多一条乙家绳长，比三条乙家绳长还多一条丙家绳长，比四条丙家绳长还多一条丁家绳长，比五条丁家绳长还多一条戊家绳长，比六条戊家绳长还多一条甲家绳长。如果各家都增加所差的那一条绳，则刚好汲到水，试问井深及各家的绳长各是多少？

题目是怪绕口的，不过列出方程组却很明了。设甲、乙、丙、丁、戊各家一根绳子的长分别为 x、y、z、u、v，井深为 w，则有

$$\begin{cases} 2x + y = w, & (1) \\ 3y + z = w, & (2) \\ 4z + u = w, & (3) \\ 5u + v = w, & (4) \\ 6v + x = w, & (5) \end{cases}$$

$(1) \times 3 - (2)$：$6x - z = 2w,$ (6)

$(6) \times 4 + (3)$：$24x + u = 9w,$ (7)

$(7) \times 5 - (4)$：$120x - v = 44w,$ (8)

$(8) \times 6 + (5)$：$721x = 265w,$ (9)

$$\therefore \ x = \frac{265}{721}w。$$

代入(1)得

$$y = \frac{191}{721} w。$$

代入(2)得

$$z = \frac{148}{721} w。$$

代入(3)得

$$u = \frac{129}{721} w。$$

代入(4)得

$$v = \frac{76}{721} w。$$

《九章算术》给出了"五家共井"问题的最小整数解：甲家绳长 265，乙家绳长 191，丙家绳长 148，丁家绳长 129，戊家绳长 76，井深 721。

百鸡问题

我国古代民间流传着许多有趣的数学问题，百鸡问题就是其中一则，题目是：

公鸡每只值 5 个钱，母鸡每只值 3 个钱，小鸡每 3 只值 1 个钱。有人用 100 个钱买了 100 只鸡，问公鸡、母鸡、小鸡各买了几只？

设此人分别买了 x、y、z 只公鸡、母鸡、小鸡。根据条件，只能列出两个独立的方程。

$$\begin{cases} x+y+z=100, & (1) \\ 5x+3y+\dfrac{1}{3}z=100, & (2) \end{cases}$$

这是一个三元一次不定方程。

先用加减法消去一个未知数：$(2) \times 3 - (1)$，得

$$14x+8y=200。$$

两边除以 2，得

$$7x+4y=100。 \qquad (3)$$

令 $x=0$，得到(3)的一组解 $x=0$，$y=25$。

因为在(3)中，$4y$ 和 100 是 4 的倍数，且 7 与 4 互质，所以 x 也是 4 的倍数。

设
$$\begin{cases} x = 4t & (t \text{为整数}), \\ y = 25 - 7t, \end{cases} \tag{4}$$

把(4)代入(1)得

$$4t + 25 - 7t + z = 100,$$

$$\therefore z = 75 + 3t。$$

$$\because x > 0, \quad \therefore 4t > 0, \quad t > 0,$$

$$\because y > 0, \quad \therefore 25 - 7t > 0, \quad t < \frac{25}{7} < 4。$$

$$\therefore t = 1, 2, 3（表 1）。$$

表　1

t	1	2	3
x	4	8	12
y	18	11	4
z	78	81	84

所以可买

$$\begin{cases} \text{公鸡4只} \\ \text{母鸡18只} \\ \text{小鸡78只} \end{cases} \text{或} \begin{cases} \text{公鸡8只} \\ \text{母鸡11只} \\ \text{小鸡81只} \end{cases} \text{或} \begin{cases} \text{公鸡12只} \\ \text{母鸡4只} \\ \text{小鸡84只} \end{cases}。$$

刘三姐与秀才斗智

在 20 世纪 60 年代，我国曾有过一部轰动全国的电影《刘三姐》，讲的是农民"歌星"刘三姐不但歌声悦耳动听，而且聪明伶俐，歌词张口就来，见什么就能唱什么，可以说是"出口成歌"，所以刘三姐深得农民们的喜爱。地主莫怀仁不但残酷剥削农民，而且不许农民唱山歌。为此，他请来了三位秀才和刘三姐比试比试，想让刘三姐在众人面前出丑。

对歌开始了。前两位秀才很快就在农民们的哄笑声中败下阵来。第三位罗秀才上场了，只见他摇头晃脑地唱道：

"三百条狗交给你，一少三多四下分，不要双数要单数，看你怎样分得匀？"

刘三姐一听，觉得不难，就让她的一个小姐妹答复。这位小姐妹开腔了：

"九十九条打猎去，九十九条看羊来，九十九条守门口，剩下三条给财主当奴才。"

歌词讽刺这三位秀才是地主的三条狗，对歌现场爆发出一片笑声。农民兄弟姐妹扬眉吐气，地主和三个秀才只能灰溜溜地逃走了。

其实，第三位秀才的歌就是一道数学题，翻译为数学语言如下。

把 300 条狗分成 4 群，每群狗的数目都是奇数，其中一个群狗的数量少，另外三个群狗的数量多且每个群的数量相同。问：应该如何分？

刘三姐的小姐妹用的是尝试法，正巧凑出了答案。其实，这个问题的答案有很多。如果用方程来解应该是这样的：设数量多的三个群中每个群有 x 条狗，少的一个群有 y 条狗，于是有方程

$$3x + y = 300,$$

其中 x 和 y 是 0 到 100 之内的奇数。这是一个不定方程。为了解这个方程，将方程两边同除以 3，得

$$x = 100 - \frac{1}{3}y。$$

因为 x 是正奇数，所以 y 是 3 的倍数，设

$$y = 3t,$$

那么，

$$\begin{cases} x = 100 - t, \\ y = 3t。 \end{cases}$$

只要选定 t 的值，就可以算出相应的 x 和 y 的值。由于 t 必须满足 $0 < t < 25$，且是奇数，所以，t 可以是 1, 3, 5, …, 23。代入上式，就可以得到 x 和 y 的值（表 1）。

表 1

t	1	3	5	7	9	11	13	15	17	19	21	23
x	3	9	15	21	27	33	39	45	51	57	63	69
y	99	97	95	93	91	89	87	85	83	81	79	77

其中第一组解就是电影《刘三姐》歌词里的结果。

费马大定理被证明了！

懒惰的费马

1621 年，年轻的费马在古希腊数学家丢番图写的《算术学》一书中的某一页书边上写了这么一段话：

"任何一个数的立方，不能拆分为两个数的立方之和；任何一个数的四次方，不能拆分成两个数的四次方之和；一般说来，一个数的任何次幂，除平方外，不可能拆分成其他两个数的同次幂之和。我已经找到了这个命题的奇妙证明，但是这里的空白太窄小了，不容我把证明写出来。"

在书中的空白处写心得是一些人的习惯，通常叫作"页端笔记"。费马的这段页端笔记用数学语言来表达就是：

当 n 是大于 2 的自然数时，方程 $x^n + y^n = z^n$ 不可能有正整数解。

现在，我们已经无法知道费马是否真的找到了证明方法，或许他根本没有找到，只是随便写上几句而已；或许他自以为找到了证明方法，但是证明过程有漏洞；或许他真的找到了证明方法，但由于懒惰没有及时写在别的地方。按理说，费马的"证明"没有公布，没有经过检验确认，这只能算猜想，但是，人们习惯上把它称为"费马大定理"。费马大概不会想到，他写在书边上的短短几行字，给后辈开了一个大玩笑。从那时起，不知多少杰出的数学家为此冥思苦想、绞尽脑汁，企图证明这个结论，摘下这颗诱人的明珠。

十万马克的悬赏

18 世纪的大数学家欧拉只证明了当 $n = 3$，$n = 4$ 时，方程 $x^n + y^n = z^n$ 没有正整数解。后来，著名数学家勒让德和狄利克雷同时证明了当 $n = 5$ 时，方程 $x^n + y^n = z^n$ 没有正整数解。拉梅证明了当 $n = 7$ 时，该方程也没有正整数解。直到 1849 年，库默尔一下子解决了 $2 < n < 100$ 的情形。到这时，这个问题已历经二百多年，成了数学史上著名的悬案。

为了及早解决这个悬案，1850 年，法国科学院以 2000 法郎作为奖金，悬赏能够证明这个命题的人。数目可观的奖金吸引了很多人，但是没有一个人有资格得到它。1853 年，法国科学院再次悬赏，仍然毫无结果。

到了 20 世纪初，一位叫沃尔夫斯凯尔的德国人因为失恋，打算在某日午夜自杀。一切就绪，就等午夜到来。就在等待的时候，他无意中读到了一篇关于费马大定理的论文。沃尔夫斯凯尔是个数学爱好者，读了这篇论文后竟然爱不释手。时间不知不觉地过去了，等他想起自杀这件事情的时候，事先定下的午夜时刻已过。沃尔夫斯凯尔觉得大概是上天不让他死去，于是打消了自杀的念头。在他逝世的时候，他赠给了德国哥廷根数学会十万马克作为征答证明方法的奖金，并且规定奖金在一百年内有效，即直到 2007 年为止。因此费马定理也被人称为十万马克悬赏定理。

这个决定一公布，有关部门就收到了 1000 多封信，都自称证明了这个定理。但是学会审查了 111 个证明方法，没有一个是正确的。

怀尔斯一锤定音

到 20 世纪 60 年代中期，人们才把证明推进到 $n = 619$。1976 年，人们又解决了 $n = 100\,000$ 时的证明。据 1978 年的报道，人们已证到当 n 小于 125 000（以及是它们的倍数）时，这个命题是成立的；当 n 是大于 125 000 的某些素数时，这个结论也得到了大量证明，据说最大的素数 n 已取到 41 000 000 左右。在研究费马大定理的学者中，当时取得领先地位的是美国哈佛大学青年教授大卫·曼福特。为此，他获得了 1974 年度国际数学家大会颁发的菲尔兹奖。

后来，日本的谷山丰和志村五郎在研究椭圆函数时产生了一个猜想，这个猜想被称为"谷山 - 志村猜想"。有人指出，费马定理是"谷山 - 志村猜想"的一个特例。只要证明"谷山 - 志村猜想"，费马定理也就解决了。当时人们很悲观，认为要证明出"谷山 - 志村猜想"是很遥远的事情。

英国数学家安德鲁·怀尔斯却不以为然，沿着这条路坚定地走下去。他放弃了所有与证明费马大定理无直接关系的工作，宅在家中的顶楼书房里，在完全保密的状态下，独自向这个困扰世间智者三百多年的谜团发起挑战。经过 7 年的努力，1993 年 6 月 23 日，英国牛顿数学科学研究所举行了 20 世纪最重要的一次数学讲座。两百名数学家聆听了怀尔斯的演讲，因为大家听说他证明了"谷山 - 志村猜想"，当然也就证明了费马大定理。但他们之中只有四分之一的人能完全听懂讲座的内容。那其余的人来这里干什么？他们是为了见证所期待的一个具有历史意义的时刻的到来。喔，他们也是"追星族"！当怀尔斯结束报告时，会场上爆发出一阵持久的掌声。当时，成千上万的祝贺电话和电子邮件纷纷而来，报纸上用"炸弹被引爆了"来形容当时的热烈场面。《人物》杂志将安德鲁·怀尔斯与英国黛安娜王妃一起列为"本年度25位最具魅力者"之一。

可惜，有人在怀尔斯长达 300 页的论文里发现了错误。这个消息不胫而走，一时间怪话四起。最后，怀尔斯补了一个漏洞，修改了论文，被数学界确认是正确的。他理所当然地得到了沃尔夫斯凯尔留下的奖金。

后来安德鲁·怀尔斯也理所当然地获得了沃尔夫奖和菲尔兹特别奖。为什么是菲尔兹"特别"奖？那是因为菲尔兹奖通常只颁发给 40 岁以下的数学家，怀尔斯当时已经年过不惑，为了表彰他对这个世纪大问题的贡献，评委会为他颁发了特别奖。

费马大定理的证明可以说是 20 世纪数学界里最伟大的事件之一。三百多年啊！多少优秀的数学家和数学爱好者因此付出了毕生的精力，科学上的每一个进步，都是一代一代的人持久、刻苦地努力奋斗的结果。

弦外之音

按理说，我们的故事应该到此打住了，但是一段好的乐曲总有些"弦外之音"值得回味。费马大定理就像是一曲优美的乐曲，"弦外之音"还不少呢！

怀尔斯的论文有人审查，结果也得到了数学界的承认。但是，有些人也写了论文，却一直被"晾"着，要么没有人理会，要么遭到抨击。一位航空工业总公司的退休高级工程师花了十年研究费马大定理，并自称证出了这个定理。他的论文发表在 1991 年的《潜科学》杂志上，但数学界没有反应。其工作在国内外有一些赞同者，比如在 1994 年，有人将他的论文改写成评论，寄给著名的数学学术刊物《数学评论》，但遭到拒稿。他的论文只有 4 页，他抱怨说："我的证明十分简洁，这才是费马当初的'奇妙证明'。"

根据美国《洛杉矶时报》1998 年的报道，银行家、数学爱好者安德鲁·比尔是个费马大定理迷，他提出了一个和费马大定理相似的"比尔猜想"：方程 $x^m + y^n = z^k$（其中 m, n, k 互不相等）不存在正整数解。并且，他出资 5 万美元，作为解答这个问题的奖金，引起了轰动。如今，费马大定理被证明了，比尔猜想会在什么时候解决呢？

有趣的"跷跷板"法

在代数的应用题中，浓度问题令人十分头痛。下面介绍一种"跷跷板"法，掌握了这个方法，浓度问题就不会使你发愁了。譬如下例：

有两种浓度为10%和15%的氨水，各取多少千克，可以配制出浓度为12%的氨水100千克？

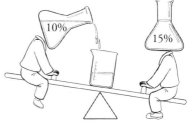

图 1 中是一个"跷跷板"，两端分别标着 10% 和 15%，中间 12% 处是"跷跷板"的支点。设第一种氨水为 x 千克，则第二种氨水是（$100 - x$）千克，设想把 x 千克、（$100 - x$）千克两个重量分别加在上述"跷跷板"的左右两端，并且能使"跷跷板"平衡：左端离支点近，所加的"重量"应大一点儿；右端离支点远，所加的重量可以轻一点儿。我们容易知道，所加的重量与到支点的距离成反比。所以

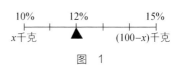

图 1

$$\frac{x}{100-x}=\frac{15\%-12\%}{12\%-10\%}, \tag{1}$$

即

$$2x = 3(100 - x)。 \tag{2}$$

解得

$$x = 60（千克）。$$

在熟练之后，只要画出图，就可以跳过式(1)直接得出式(2)。式(2)中左端的 2，是左端点到支点的距离（2 格）；右端的 3，是右端点到支点的距离（3 格）。这样列式，根本看不到 12%、15%、10%等令人头痛的浓度，其简单程度可想而知。

上面的例题是将溶液混合，下面的例题是将溶液稀释。

在 400 克 16%的糖水中加水，稀释成 10%的糖水，需加水多少克？

画出"跷跷板"（图 2），并设加水 x 克，因为左端点距离支点 6 格，右端点距离支点 10 格，得方程

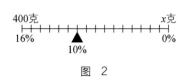

图　2

$$400 \times 6 = 10x,$$
$$x = 240（克）。$$

你看，用一块虚拟的跷跷板，就可以轻松地解决让人头痛的浓度问题了。

计算机怎么解方程?

　　计算机怎么解方程? 说起来你可能不信, 它竟然连一元二次方程的求根公式也不喜欢用。我们知道, 一元五次和五次以上的方程没有求根公式, 只能用近似解法; 一元三次、四次方程的求根公式太繁, 还是近似解法好些。那么, 一元二次方程的求根公式又不繁, 为什么计算机不喜欢用它呢? 计算机又是怎样求根的呢?

　　每一种工具都有它自己的长处, 也有自己的短处。计算机的长处是运算速度快, 所以只要方法固定不变, 它不怕反复计算。二次方程的求根公式适合笔算, 计算机更喜欢其他的方法。这里我们介绍一种计算机算法。例如, 求解方程

$$x^2 - 4x + 1 = 0。 \tag{1}$$

经过试验, 当 $x = 0$ 时,

$$方程左边 = 1 > 0,$$

而当 $x = 1$ 时,

$$方程左边 = -2 < 0。$$

可见, 在 0 和 1 之间必定有一个数, 能够使方程左边的值等于 0, 也就是说, 在 0 和 1 之间必定有一个根。

　　将方程(1)变形为

$$x = \frac{1}{4}(x^2 + 1), \tag{2}$$

令式(2)的右边的 x 等于 0 和 1 之间的某一个数 x_0，那么可以算出右边的一个值。而等式的左边是 x，所以这个值可以看作 x 的一个新的近似值 x_1。这样，就从近似值 x_0 得到了新的近似值 x_1。用同样的方法，可以从 x_1 得到更新的近似值 x_2……逐步算下去，可以得到十分精确的近似根。由于每一步计算都重复同样的步骤，因此这一方法特别适合让计算机去做。下面我们具体地算一下。

设 $$x_0 = 0,$$

则 $$x_1 = \frac{1}{4}(0^2 + 1) = 0.250\,00,$$

$$x_2 = \frac{1}{4}(0.250\,00^2 + 1) = 0.265\,63,$$

$$x_3 = \frac{1}{4}(0.265\,63^2 + 1) = 0.267\,64,$$

$$x_4 = 0.267\,91,$$

$$x_5 = 0.267\,94,$$

$$x_6 = 0.267\,95,$$

$$x_7 = 0.267\,95。$$

由于 x_6 和 x_7 在小数点后面五位的数值没有差别，因此我们可以认为 0.267\,95 是这个方程的精确到小数点后五位的近似根。

写到这里，笔者想针对中学现行的数学教材说几句话。我们现在的做法是深挖洞，一元二次方程有种种解法，什么公式法、十字相乘法、韦达定理、判别式法等，可以翻出好多花样来。但事实上，在工程技术中也好，在数学研究中也好，大家基本上不用这些解法，而是都用计算机去解，因此这些解法显得落后了。还有，许多学生和一些教师只是跟着教材学习，他们从来没有想过,学了一元二次方程解法,为什么不学一元三次方程的解法了?其实,一元三次、四次方程求根公式不实用,一元五次方程根本没有求根公式。因此,如果学生和老师的知识面太窄,就会没有全局观。从另一方面讲,科普显得很重要,可以弥补课堂学习中的不足。

病态方程

有一位实验员小马，经过认真的测量，得出了他们的实验课题所求的某一个量应该满足方程

$$x^2 - 4.8989x + 6 = 0。 \tag{1}$$

他将这个结果交给了课题组的组长，组长将这个方程连同一些其他任务交给小白去计算。小白拿到这个方程之后，认为这个课题的精度没有必要达到小数点后面 4 位，于是将方程改为

$$x^2 - 4.899x + 6 = 0。 \tag{2}$$

小白一解，得到方程(2)的根是

$$x_1 = 2.4566，x_2 = 2.4424。$$

过了一段日子，课题组完成了任务，研究报告出来了。可是，课题组的报告和实际情况怎么也对不上号。课题组的人员从基本的思路出发，连具体的细节都一一重新检查。当检查到这个方程时，大家都不觉得有什么大的问题。从方程(1)到方程(2)，大不了结果的精确度有点儿出入，绝不会引起根本性的变化。

课题组检查不出什么大的问题，只能暂时停了下来。问题出在哪里呢？大家百思不得其解。正在走投无路之际，他们带

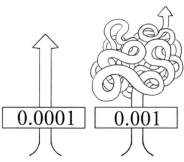

着一线希望请来了一位计算数学专家。这位计算数学专家查看了
课题的全部计算数据，指出了问题所在。原来问题就出在小白的
一点点疏忽上。

不要认为方程(1)和(2)仅仅是一次项的系数相差一点点——
0.0001，它们的根可不再相差一点点，而是十万八千里，方程(1)
根本没有实数根！为了说清这一点，我们看方程

$$x^2 - 2\sqrt{6}\,x + 6 = 0, \tag{3}$$

这个方程的判别式 $\varDelta = 0$，所以它有两个相等的实数根。

方程(1)的一次项系数小于 $2\sqrt{6}$，方程(2)的一次项系数恰恰大
于 $2\sqrt{6}$。这是因为

$$\sqrt{6} = 2.449\ 489\ 743\dots$$
$$2\sqrt{6} = 4.898\ 979\ 485\dots$$
$$4.8989 < 2\sqrt{6} < 4.899。$$

就因为这三个方程的一次项系数的这么一点点微小的差别,方程(1)
的判别式小于 0，而方程(2)的判别式大于 0。所以，方程(1)是没有
实数根的，它的根是两个虚数：

$$x_1' = 2.4495 + 0.013\ 95\mathrm{i},\quad x_2' = 2.4495 - 0.013\ 95\mathrm{i}。$$

至此，问题的症结才被揭露出来。

通常情况下，对一个方程的系数做一点儿微小的变化，根的
变化也是很微小的，譬如，方程

$$x^2 - 3x + 2 = 0 \tag{4}$$

的根是 1 和 2。和(4)的常数项相差一点点的方程

$$x^2 - 3x + 2.001 = 0$$

的根是

$$x_1 \approx 1.998998995, \quad x_2 \approx 1.001001002。$$

如果对一个方程的系数做一些微小的变化，可以导致根发生很大的变化，那么这个方程叫作病态方程，方程(1)就是一个病态方程。

有人举了个例子：方程

$$(x-1)(x-2)(x-3)(x-4)\cdots(x-20) = 0 \tag{6}$$

的根显然是 1, 2, 3, 4,…, 20 这 20 个自然数，将它展开，得

$$x^{20} - 210x^{19} + 20615x^{18} - \cdots + 20! = 0 。 \tag{6'}$$

现在把第二项的系数 -210 改为 -210.000000119，其余系数都不变。这时，根发生了什么变化呢？有趣得很，稍变了系数的方程的前 7 个根和原来的方程(6)的根 1, 2, 3, 4,…, 7 相差不大，但是，从第 10 个到第 19 个根都变成了虚数根。所以，方程(6)是病态方程。

第四篇

函数

从费马的素数公式谈起

神秘的数学大师费马一生有过很多猜想。下面的猜想是费马在 1640 年提出的。他计算了公式 $F(n) = 2^{2^n} + 1$ 的值：

当 $n = 0$ 时， $F(0) = 3$，

当 $n = 1$ 时， $F(1) = 5$，

当 $n = 2$ 时， $F(2) = 17$，

当 $n = 3$ 时， $F(3) = 257$，

当 $n = 4$ 时， $F(4) = 65\,537$，

发现它们都是素数。于是他猜想公式

$$F(n) = 2^{2^n} + 1$$

是一个表示素数的公式。

当 $n = 5$ 时，可算出：

$$F(5) = 4\,294\,967\,297。$$

但是，它是不是素数？如果它是合数，应该怎么分解？在当时，这是很难判断的。一百年后，25 岁的欧拉指出

$$F(5) = 2^{2^5} + 1 = 4\,294\,967\,297 = 641 \times 6\,700\,417。$$

一个反例，就宣判了费马"素数猜想"的死刑！当然，这个反例是不易找到的，否则为什么过了一百年才有人找到呢。而且找到的人不是别人，正是历史上的全能数学巨匠欧拉。

后来，人们又陆续找到了很多反例。1880 年，朗杰证明了当 $n = 6$ 时，

$$2^{2^6} + 1 = 274\ 177 \times 67\ 280\ 421\ 310\ 721。$$

这就是说 $2^{2^6} + 1$ 也是合数。

至今，这样的反例共找到 46 个。还有一些费马数，如 $2^{2^{17}} + 1$，$2^{2^{20}} + 1$，$2^{2^{22}} + 1$，$2^{2^{24}} + 1$，…人们还弄不清它们是素数还是合数。费马的猜想可太糟了，因为除了他本人提出的作为依据的 5 个例子外，人们再也没有找到一个正面的例子。难怪有人提出了一个反猜想：$2^{2^n} + 1$ 形式的数，除了 $n = 0, 1, 2, 3, 4$ 时都是合数！

关于素数公式的猜想，除了费马猜想外，历史上还有过其他猜想。由于这些猜想一方面有较明显的疏忽，另一方面是由"小人物"做出的，所以影响较小。例如，有人猜想：

$$f(n) = n^2 - n + 17$$

是素数。

当 $n = 0, 1, 2, 3, 4, \cdots, 16$ 时，$f(n)$ 确实都是素数。但是当 $n = 17$ 时

$$f(17) = 17^2 - 17 + 17 = 17^2，$$

显然不是素数。

直到现代，还有人在提出关于素数的猜想。1983 年 9 月，《数学通讯》编辑部收到了一位读者的来稿，他提出了一个关于素数公式的猜想：当 n 是奇素数时，$z_p = \dfrac{1}{3}(2^p + 1)$ 是素数。

这位读者做了大量验证：

当 $p = 3$ 时，$z_3 = 3$，

当 $p = 5$ 时，$z_5 = 11$，

当 $p = 7$ 时，$z_7 = 43$，

当 $p = 11$ 时，$z_{11} = 683$，

当 $p = 13$ 时，$z_{13} = 2731$，

当 $p = 17$ 时，$z_{17} = 43\,691$，

当 $p = 19$ 时，$z_{19} = 174\,763$，

z_p 都是素数。

有人按这个公式继续算下去，

当 $p = 23$ 时，$z_{23} = 2\,796\,203$，

也是素数。但是

当 $p = 29$ 时，$z_{29} = 17\,895\,671 = 59 \times 3\,033\,169$，

是合数，这一猜想被否定了。虽然猜想被否定了，但这位读者的精神还是值得学习的。

梅森数

修道士梅森的发现

人们花费了很多精力来寻找表示素数的函数或公式，17 世纪法国的修道士梅森也提出了一个著名的公式：

$$M = 2^P - 1。$$

他发现，如果 P 是合数，那么 M 肯定不是一个素数，例如当 $P = 9$ 时，

$$\begin{aligned}
& 2^P - 1 \\
&= 2^9 - 1 \\
&= (2^3)^3 - 1 \\
&= (2^3 - 1)[(2^3)^2 + 2^3 \times 1 + 1] \\
&= 7 \times 73 \\
&= 511,
\end{aligned}$$

也就是说 $2^P - 1 = 511$ 不是素数。于是，他猜想当 P 是素数时，$2^P - 1$ 就是一个素数了。其实这个猜想是不正确的，如当 $P = 11$ 时，

$$\begin{aligned}
& 2^{11} - 1 \\
&= 2047 \\
&= 23 \times 89,
\end{aligned}$$

结果是合数。

但是，梅森对 $2^P - 1$ 形式的数仍很感兴趣。他证明了当 $P = 2$，3, 5, 7, 13, 17, 31, 67, 127, 257 时，$2^P - 1$ 都是素数。为了纪念梅森在这个问题上做出的贡献，大家就把形为 $2^P - 1$ 的数叫作梅森数。如果某个梅森数是素数，那么它就是梅森素数。

然而，他的研究中还是有错误的。首先，当 $P = 67$ 和 257 时，$2^P - 1$ 就不是素数；其次，当 $P = 19, 61, 89, 107$ 时，$2^P - 1$ 也是素数，而这些情形被他本人遗漏了。

前赴后继，不断推进

值得一提的是证明 $P = 67$ 时的情形。长期以来，有人怀疑 $2^{67} - 1$ 不是素数，但又说不出道理来。因为数字太大，在当时实在很难检验。直到 1903 年 10 月，美国数学协会举行学术报告会，大家邀请美国哥伦比亚大学教授科尔上台发言。科尔是一位素以沉默寡言著称的人，只见他从容地走上讲台，一句话也不说，就用粉笔在黑板上运算起来。他先算出 $2^{67} - 1$ 的结果，然后转过身来，还是一言不发地走到黑板的另一边，用直式演算了 193 707 721× 761 836 257 287，两边的结果完全一致。自始至终，他没有讲过一句话就结束了这次"无声的报告"，回到了自己的座位上。过了一阵子，大家终于领会了他的含义，爆发出热烈的掌声。因为这说明 $2^{67} - 1$ 是一个合数，而不是素数，他解决了二百年来未被解决的问题。

由于计算量大，在计算机时代之前，人们只验证了 12 个梅森素数。其后的 5 个数（$n = 521, 607, 1279, 2203, 2281$）都是由拉斐尔·M. 罗宾逊在 1952 年用计算机发现的。

1957 年，里塞尔又发现了当 $n = 3217$ 时，M 是素数。

1961 年，赫维茨证明了当 $n = 4253$ 和 4423 时，M 是素数。

1963 年，吉利斯证明了当 $n = 9689, 9941, 11\ 213$ 时，M 是素数。

1971 年，塔克曼发现了当 $n = 19\ 937$ 时的梅森素数。

1978 年，两名 18 岁的高中生尼克尔和诺尔经过 3 年的努力，花了 350 小时，发现了当 $n = 21\ 701$ 时，M 是素数，这个梅森素数有 6533 位。当时美国的不少报纸都用头版报道了这一消息。1979 年，诺尔又改写了纪录，找到了有 6987 位数字的梅森素数（$n = 23\ 209$）。

同年，年轻的程序设计员斯洛文斯基找到了 13 395 位数字的梅森素数（$n = 44\ 497$）。

1982 年，还是那位斯洛文斯基证明了当 $n = 86\ 243$ 时，M 是素数，这个素数有 25 962 位数字。

1983 年，斯洛文斯基再创辉煌，找到了 $n = 132\ 049$ 时的梅森素数。1985 年，人们找到了当 $n = 216\ 091$ 时的梅森素数。因为在寻找时使用了斯洛文斯基设计的"素数发现者"程序，所以，大家仍将这个功劳归于斯洛文斯基。

1988 年，有人发现当 $n = 110\ 503$ 时，M 也是素数，它被大步向前进的斯洛文斯基漏掉了。

1992 年，第 31 个梅森素数（$n = 756\ 839$）被发现了。1994 年

人们又找到了第 32 个梅森素数。1996 年，第 33 个梅森素数也被发现了……

新纪录

时间很快进入了互联网的时代。等到 1996 年 9 月 3 日，计算机找到了第 34 个梅森素数，各自为战的日子宣告结束了。

1996 年初，美国计算机数学家乔治·沃特曼编制了一个梅森素数计算程序，并把它放在网络上，供数学家和数学爱好者免费使用，这就是"梅森素数联合搜索"（GIMPS）项目。寻找梅森数的"合作化运动"开始了。

2018 年 12 月 7 日，美国帕特里克·拉罗什就通过这一项目发现了第 51 个梅森素数：$2^{82\,589\,933} - 1$。这个数共有 24 862 048 位，是截至本书出版日期找到的最大的梅森素数，也是最大的素数。这可是个超大的数，大到什么程度呢？有人估计过，假如 1 秒写 3 个数字，那么抄写这么一个"庞然大物"，就算不吃不喝也要花费 86 天的时间，当然没有傻瓜会这样尝试。

开方乘 10

钱学森考门生

青年学者彭翕成博士讲过这么一个故事：我国著名火箭专家钱学森担任中国科学技术大学力学系主任后，曾主持过中科大首届力学系的考试。这场考试是开卷考试，只有两道题，第一道概念题占 30 分，第二道题是真正的考验，题目是："从地球上发射一枚火箭，绕过太阳再返回地球，请列出方程并求解。"

这道题可把全系学生都难住了。虽然是开卷考试，但教科书上也没有答案啊！考试从上午 8 点半开始，持续到中午还没有一个人交卷，中间还有两个学生晕倒了，被抬了出去。钱先生于是宣布："先吃午饭吧，吃完接着考。"最后，到了傍晚，大多数人还是做不出来，只好交卷。成绩出来，竟有 95% 的人不及格。于是，钱先生在判分时便想出了"开方乘 10"的妙招，结果 80% 的人及格了，皆大欢喜。

彭博士说的"开卷考试"故事应该是真实的。但是他说"开方乘 10"是钱先生想出来的妙招，这一点可能不正确。因为在 20 世纪 60 年代初，笔者在刚参加工作的时候，就听教研组里的老先生说过"开方乘 10"的花招。

关于"开方乘 10"公式的分析

我们不去争论"开方乘 10"的"发明权"问题，只来聊聊这究竟是怎么回事：

$$y = 10\sqrt{x} ,$$

其中 x 是原来的分数，y 是新的分数。

假如说这个公式有点儿"科学性"，那么"科学性"体现在哪里呢？

这个公式有两个好处：一是除了特殊情况分数不增不减外，其余的人都能加到分，绝不会出现减分的情况；二是加了分，却不出格。我们知道，加分并不难，但容易出格，出现不合理的现象。譬如每人加 10 分，但这样做就可能出格：原先考 100 分的同学，再加 10 分，不是比满分还多了吗？然而这个公式很合理，考 100 分的人的新分数是

$$y = 10\sqrt{100} = 100,$$

仍是 100 分，不出格。

还有，如果给考 0 分的学生和缺考的学生加 10 分也说不通，因此不合理。按这个公式，原来考 0 分的学生的新分数是

$$y = 10\sqrt{0} = 0,$$

仍是 0 分。除了原本考 0 分和 100 分的同学，其余同学都加到了分。

这一点是可以证明的，但证明过程并不有趣，我们只从图像上观察一下：曲线 $y = 10\sqrt{x}$ 总在 $y = x$ 的上方（当 $0 \leqslant x \leqslant 100$ 时），这就说明，新分数（$10\sqrt{x}$）总是大于等于原分数（x）（图 1）。

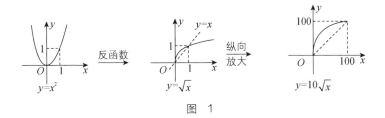

图 1

老师为什么会大发慈悲给大家加分呢？原来，老师是内紧外松：内部从严，主观上是为了大家好；对外从宽，是因为报告单上成绩太低了，对学生升学、就业不利，自己也没有面子。"刀子嘴，豆腐心"，"严师"还是有慈母心的。当然，这都是过去的花招。事实上，考试成绩应当反映学生的真实水平。

我们还是从数学角度进行更深层次的讨论：考 0 分和 100 分的同学最"吃亏"，没有加到分；那么，考几分最"上算"，加到的分最多呢？

比如，A 同学考了 36 分，一加分成绩变成了 60 分，加了 24 分；而 B 同学原本考 81 分，虽然成绩变成了 90 分，但只加了 9 分。看来，各人加的数值是不同的。我们不难知道，考 25 分的人最"上算"，他可以加 25 分，分数可翻了一番啊！下面是推理过程：新分数和原分数的差

$$y = 10\sqrt{x} \ - x = 25 - (\sqrt{x} - 5)^2 \leqslant 25。$$

当 $\sqrt{x} = 5$ 时，等号成立。所以，当 $x = 25$ 时，y 取最大值 25。

从等高线说到线性规划

地理名词

地图上的山脉常常被画成一圈一圈的线，这些线叫作等高线（图1）。

图 1

位于同一等高线上的点的海拔高度是一样的，而位于不同等高线上的点，海拔高度是不一样的。由于采用了等高线，（平面的）地图具有了"立体感"。

等高线的思想在数学中也有所体现。如图2，弧 $\overarc{AmB}$ 上的点与 A、B 的张角的度数是一样的。譬如 C_1、C_2 点，相应的张角 $\angle AC_1B$ 和 $\angle AC_2B$ 是相等的。如果把对 A、B 的张角值比作"海拔高度"的话，弧 $\overarc{AmB}$ 就相当于一条"等高线"。我们经过 A、B 作另外一个稍大一点儿的弧 $\overarc{AnB}$（图3），尽管弧 $\overarc{AnB}$ 上的点对 A、B 的张角都相等，但分别位于弧 $\overarc{AmB}$、弧 $\overarc{AnB}$ 上的点，对 A、B 的张角是不相等的。如果 $\angle ACB = k$ 的话，则 $\angle ADB < k$。所以，弧 $\overarc{AmB}$、弧 $\overarc{AnB}$ 可以被看作两条不同的"等高线"。

图 2

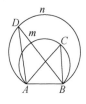

图 3

1986年有一道高考题，稍作变动后是这样的：

如图 4，Oy 上有 A、B 两点，求 Ox 上的点 P，使 $\angle APB$ 有最大值。

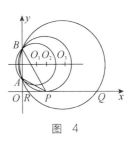

图 4

考虑这道题时，可以先过 A、B 任画一圆，譬如我们先画 $\odot O_1$。其 y 轴右侧的弧是条 "等高线"。其上的点到 A、B 的张角为一个固定值（记作 k_1），但它与 Ox 没有交点。

再作 $\odot O_3$，同样过 A、B，但较 $\odot O_1$ 大得多。其 y 轴的右侧的弧也是一条 "等高线"，显然，这一条 "等高线" 上的点对 A、B 的张角（记作 k_2）较 k_1 要小。

$\odot O_3$ 与 Ox 有两个交点 Q、R，显然 $\angle AQB = \angle ARB = k_2 < k_1$。过 A、B 的圆越大，其右侧弧上的点对 A、B 的张角越小；相反，圆越小，张角越大。为了得到较大的张角，应该从较小的圆中找。但是题目所求的点在 Ox 上，所以，只能从与 Ox 有公共点的圆中找。不难看出，应该作出 $\odot O_2$，使它过 A、B，且与 Ox 相切，$\odot O_2$ 与 Ox 的切点 P 就是所求的点。

利用等高线思想来解决数学问题时，首先要认清哪个指标是我们关心的。在这道题中，我们关心的是对 A、B 的张角，这个指标相当于地图中的 "海拔高度"。然后，令这个指标等于某一个值，就可以画出一条 "等高线"；再令这个指标等于另一个值，又可画出一条 "等高线"……总之，可以画出一组 "等高线"。最后，结合其他要求从中选出一条 "等高线"，并在这条 "等高线" 上选出适当的点。

线性规划

诞生于 20 世纪的线性规划是研究有效地解决生产、运输等经济活动中问题的数学方法。线性规划最早是由苏联数学家康托罗维奇在 1938 年提出的，但他的成果仅在苏联内传播。直到 1950 年，库普曼翻译了他的著作《组织和计划生产的数学方法》，康托罗维奇的工作才被全世界了解。康托罗维奇和库普曼后来共同获得了诺贝尔经济学奖。

线性规划的核心思想就是等高线。请看下面的例子，应该说，这是个典型的线性规划问题：变量 x、y 在某种限制下变动，求 x、y 的一次函数（又叫线性函数）的最大（小）值。

设 R 为平面上以 $A(4, 1)$, $B(-1, -6)$, $C(-3, 2)$ 三点为顶点的三角形区域（包括内部及边界）。试求当 (x, y) 在 R 上变动时，函数 $4x - 3y$ 的极大值和极小值（图 5）。

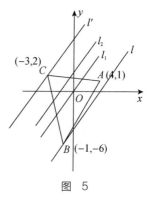

图 5

令 $4x - 3y = 0$，可以画出直线 l_1（过原点）。

再令 $4x - 3y = -7$，可以画出直线 l_2。

……

不难知道，当对 $4x - 3y$ 赋以不同的值时，我们可以画出一组平行线。在这组平行线中，位置靠左上方时，$4x - 3y$ 的值较小；位置靠右下方时，$4x - 3y$ 的值较大。所以，为使 $4x - 3y$ 的值最小，

应考虑过 C 点的直线 l'。此时，设

$$4x - 3y = k。$$

因 l' 过 $C(-3, 2)$，所以

$$4 \times (-3) - 3 \times 2 = k,$$
$$k = -18,$$

所以，l' 的方程是

$$4x - 3y = -18。$$

$4x - 3y$ 的最小值是 -18。

为使 $4x - 3y$ 的值最大，应考虑过 B 点的直线 l。我们容易知道，l 的直线方程是

$$4x - 3y = 14,$$

所以 $4x - 3y$ 的最大值是 14。

不难看出，这些平行线都是"等高线"。在线性规划问题里，x、y 在一个凸多边形里活动，目标函数（需要求出最大值或最小值的函数，在上题里就是 $4x - 3y$）是一次的。所以，所求的 x、y 所构成的点 (x, y) 必定在凸多边形的某个顶点上。于是，可以计算并比较凸多边形各顶点处的目标函数值来求出最优解。

数学"蜘蛛网"

任由池塘里的鱼世代相传，不断繁殖，会不会弄得满池全是鱼呢？不会的。一开始，鱼生长得很快，最后总会达到饱和状态。该怎么从数学上解释这个现象呢？我们可以设法画出鱼的繁殖曲线 $y = f(x)$。x 表示某一年鱼的总量，y 表示一年后鱼的总量。

开始时，鱼的总量是 x_0，一年后，鱼的总量达到 y_0。两年后，鱼的总量是多少？我们应该在 x 轴上找到坐标为 x_0 的点，然后利用 $f(x)$ 得出一年后的鱼的总量 y_0（对应 A 点）。为了方便，只要另画一条直线 $y = x$，过 A 点画 x 轴的平行线，和直线 $y = x$ 交于 B，再过 B 画 y 轴的平行线，交 x 轴于点 C，C 的横坐标就是 x_1，此时 $y_0 = x_1$，利用 $f(x)$ 可以找到两年后相应的鱼的总量 y_1。三年、四年……后的总量可按此法求出。

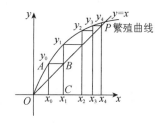

图 1

慢慢地，像图中那样阶梯式地逼近平衡点 P ——这时，鱼的总量不会再增加了。（图 1）

但是并非任何繁殖曲线都能这样形成平衡点。如图 2 的繁殖曲线，生长状况有起有伏，在图 2 中形成

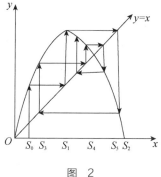

图 2

了一张特殊的"蜘蛛网"。
这种特殊的"蜘蛛网"不但
用于生物学，在经济学中也
有所应用。

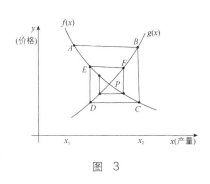

图 3

从消费者的角度来说，
某种商品的产量越多，价格
就会越低。如图 3，画出的曲
线，就是价格 y 随产量 x 增加而递减的曲线 $y = f(x)$。

从生产者的角度来说，商品价格越高，越希望生产此商品，
价格和产量是递增的关系，曲线 $y = g(x)$ 就是这样的曲线。消费者
曲线 $f(x)$ 和生产者曲线 $g(x)$ 形成一个交叉点 P。假定某时刻，某种
商品的产量是 x_1，价格是 y_1，我们在图中找到相应的点 A。

这时，产量较低，价格较高。按生产者的想法，由于价格很
高，因此应大大增加商品产量，根据生产者曲线 $g(x)$ 找到相应的 B
点，这时产量一下子提高到 x_2。由于产量增加了，因此消费者在
购买时就挑挑拣拣，价格一下子降下来（C 点）。价格一降低，
生产者没有了积极性，产量也相应地降低了（D 点）。

……

以此类推，像蜘蛛网一样迂回，最终价格和产量相对平
衡（P 点）。

20 世纪 80 年代末，我国彩电供需十分紧张，凭票供应。各省
市的企业一看，彩电利润这么高，一哄而上。全国原先只有四条

生产线，而后新设了几十条生产线，重复建设的后果是产量大增，供过于求。消费者不买、少买，价格势必降下来，于是企业没有了生产的积极性。同时，由于货卖不掉，日子不好过，因此企业纷纷关停并转。就上海而言，原先有金星、上海、飞跃、凯歌等四个知名彩电品牌，还有百合花等中小品牌的彩电，现在估计一家不剩了。现在全国仍有不少电视品牌，但发展已经逐步趋向平衡。

相生相克的自然界

过去，意大利一个港口城市的渔业很发达，但是渔业公司的经营状况很不稳定，为什么呢？是不是因为管理水平问题？不是，因为渔业生产受自然界影响较大，就像水果那样，今年是"大年"（产量高），明年可能是"小年"（产量低），因此，经营状况时好时坏。

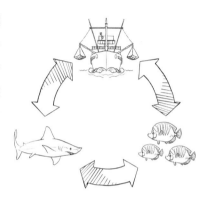

鱼类怎么也会有"大年""小年"之分？你不信？请看某渔港在 20 世纪一二十年代统计的一份资料，其中记录的是捕获的鲨鱼占总捕获鱼量的比例（表1）。

表　1

年份	1914	1915	1916	1917	1918	1919	1920	1921	1922	1923
鲨鱼总捕获量（吨）	11.9	21.4	22.1	21.2	36.4	27.3	16.0	15.9	14.8	10.7

"其中有几年鲨鱼捕获量特别高，有几年又很少，这是什么道理呢？"生物学家达松纳困惑不解。经过一番苦思冥想，达松纳解释说：第一次世界大战使渔业萧条，捕鱼量下降，因此鲨鱼可食用的中、小型鱼类的资源比较丰富，促进了鲨鱼加速繁殖。

但这个理由似乎不充分。持不同观点的学者说：捕鱼量下降之后，虽然鲨鱼会加速繁殖，但作为鲨鱼饲料的中、小型鱼类群体也应该增加，所以鲨鱼的捕获量在总捕获量中所占的比例没有理由会大幅增加。

没有办法，达松纳试着向数学家沃尔泰拉请教。沃尔泰拉利用微分方程原理，得到了两个函数式，一个函数是中、小型鱼类数量 y 和总捕鱼量 x 的关系：

$$y = \frac{a+x}{b} \text{。} \tag{1}$$

另一个函数是鲨鱼数量 z 和总捕鱼量 x 的关系：

$$z = \frac{c-x}{d} \text{。} \tag{2}$$

从这两个式子可知，当总捕鱼量 x 增加时，捕食者（鲨鱼）z 减少，被食者（中、小型鱼类）y 增加；而当 x 减少时，捕食者 z 增加，被食者 y 减少。1914 年至 1918 年，第一次世界大战使捕鱼量下降，鲨鱼数量增加较快；1918 年战争结束，捕鱼量增加，鲨鱼数量急剧下降。

这个原理被称为"沃尔泰拉原理"，现在已经在生物领域中广泛应用。譬如，为什么不允许使用剧毒农药？除了环保原因之外，剧毒农药大规模地杀死害虫，同时也杀死了害虫的天敌。这样大规模不分青红皂白地杀死生物，原本的目的是多杀害虫，事实上却使害虫的天敌的数量下降得更快，其结果反而有利于害虫生长。

大自然就是这样互相依存、相克相生的！

混沌和费根鲍姆常数

　　自然界里有好多种蝉，也就是孩子们所说的"知了"。它们的生长规律很奇怪。有的蝉的生命周期是三年，也就是说，成虫在生活了几星期之后就产下卵，卵孵化为幼虫后钻入地下，附着在树根上达 3 年之久，之后再羽化成蝉。有的蝉的生命周期是七年，甚至 17 年，这些蝉分别叫"三年蝉""七年蝉""17 年蝉"……

　　生物种群学家想要把握蝉的生命周期规律，譬如，已知这一年的"17 年蝉"的数量，那么，下一年这种蝉的数量是多少呢？为此，生物种群学家研究出了迭代函数式：

$$x_{n+1} = f(x_n)。$$

最常见的迭代函数式是二次的，如

$$x_{n+1} = kx_n(1 - x_n)。 \tag{1}$$

下面我们就对式(1)做一些探讨。在探讨之前，我先介绍一下不动点的概念。

　　图 1 中画了 1 条抛物线和 1 条直线，抛物线的方程当然是二次函数，这条直线是第一象限的角平分线，它的方程是 $y = x$。在 x 轴上任意取一个值 x_0，在二次函数图像上找到对应的 A 点。经过 A 点作 x 轴的平行线，和直线 $y = x$ 交于 B 点。过 B 点作直线平行于 y 轴，可知 B 点的横坐标是 x_1，所以，A 点、B 点的纵坐标都等于 x_1。

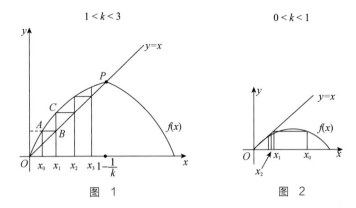

图 1

图 2

过 B 点的平行于 y 轴的直线和二次函数的图像交于 C 点，从图中可以看出，C 点的纵坐标等于 x_2，以此类推，这一过程就叫作迭代。这样，x_0，x_1，x_2，…的迭代过程就变成在图 1 中画"阶梯"状的线，利用 $y = x$，这个迭代过程显得很直观。在图 1 中，"阶梯"最终收敛于 P 点，P 点叫作不动点。

好，下面我们回到对式(1)的讨论。

1. 假定 $0 < k < 1$，迭代过程如图 2。任意的初值 x_0，经过迭代都收敛于不动点 O。

2. 假定 $1 < k < 3$，迭代过程如图 1，收敛于 $1 - \dfrac{1}{k}$（P 点）。

3. 假定 $3 < k < 1 + \sqrt{6} \approx 3.499$，迭代过程如图 3。这时候，从初值出发，经过迭代，所得的值不收敛于任何值，而是在两个值之间来回变动，这两个值是

$$x^* = \frac{1}{2k}[1 + k + \sqrt{(k+1)(k+3)}],$$
$$x^{**} = \frac{1}{2k}[1 + k - \sqrt{(k+1)(k+3)}].$$

把 x^* 代入(1)，得到 x^{**}，把 x^{**} 代入(1)，又得到 x^*，如此循环往复……

4. 假定 $1+\sqrt{6}<k<3.544$，这时候，2 个周期点变为 4 个周期点：

$$0.3828\rightarrow0.8269$$
$$\uparrow\qquad\qquad\downarrow$$
$$0.8750\leftarrow0.5009$$

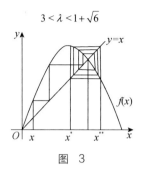

$3<\lambda<1+\sqrt{6}$

图 3

随着 k 的增大，周期点的个数不断增加。这种 1 分为 2，2 分为 4……的过程叫作"分歧过程"。$k=3$ 是 1 分为 2 的分歧值，$k=1+\sqrt{6}$（≈3.499）是 2 分为 4 的分歧值，$k=3.544$ 是 4 分为 8 的分歧值，$k=3.564$ 是 8 分为 16 的分歧值……可以看出，分歧点越来越接近，当 $k=3.569\ 945\ 972$ 时，出现周期为 ∞ 的解，此时就进入了混沌状态。任何初值经过迭代都不会收敛于有限值，x_n 将在整个[0, 1]区间中游荡，完全没有规律。

一个确定的现象（二次函数 $y=kx(1-x)$）经过迭代竟然产生了不确定的现象，说来真有点儿"荒唐"，可这一现象又是如此真实存在的。

混混沌沌，是不是没有规律呢？1975 年 8 月，美国康奈尔大学的米切尔·费根鲍姆计算了前面说到的关于 k 的一个式子 $\dfrac{k_m-k_{m-1}}{k_{m+1}-k_m}$ 的值。他发现，在处于混沌状态时，这个式子的值是确定的，等于 4.669 201 629。费根鲍姆对大量迭代函数进行了计算，竟然都得到了这个数值！

这是不是巧合？看来绝对不是。尽管数学家尚未弄清楚其中的奥妙，但他们都认为这是一个自然界里的普适的常数，这个常数被命名为"费根鲍姆常数"。如今，这个常数和圆周率 π、e、黄金数 0.618 同样著名。

费根鲍姆生于 1944 年，他在 1970 年获得基本粒子物理学博士学位。费根鲍姆被称为"混沌怪杰"。他有散步的习惯，常常独自一人散步四五个小时，边散步，边思考。"这家伙什么来头，是小偷，还是间谍？"当地的警方发觉这个人痴痴呆呆的，行为异常，不得不派人长期盯梢。

费根鲍姆工作时的状态称得上近乎疯狂。在发现费根鲍姆常数前的两个月里，他每天工作 22 小时，吃的是精牛羊肉，喝的是红葡萄酒和咖啡，此外，他还有吸烟的坏习惯。最后，医生不得不强迫他休假。

当时，费根鲍姆计算时用的是一种老式的计算器。这种计算器速度太慢。因为计算器老式、速度慢，他只得在机器工作时焦急地等待，在等待时，他常常估算出来下一个将是什么值。哪里想到，恰恰因为这样的细细思考，他才发现了规律。费根鲍姆后来说，要是他当时用了速度极快的高级计算机，可能会错过发现这个常数的机会。

天下的事就是这样：坏事有时是可以变成好事的！

"世界的中心"

阿凡提是我国民间传说中的一个聪明人，他助人为乐的品质、幽默的性格深得广大人民的喜爱。

一次，阿凡提遇到了国王。国王是个自以为聪明的人，但人家都说阿凡提最聪明，他很不服气。这次，国王又想和阿凡提斗智。国王将马勒住，停在大路的正中间，对阿凡提说："阿凡提，我问你，世界的中心在哪里？"

阿凡提想了想，看着自己的毛驴，说："就在我的毛驴站的地方啊！"

要是善于溜须拍马的巴依老爷，他肯定说："世界的中心就在国王您站的地方。"可阿凡提却说，世界的中心在他的那只丑毛驴站的地方，国王听了怎么会高兴呢！国王说："你胡说，你有什么理由说世界的中心在你的那只丑毛驴站的地方呢？"

阿凡提不紧不慢地回答说："昨天我进城去，在这个时刻，毛驴恰巧走过此地；今天我回家，也是这个时刻，我的毛驴又走到了这里。你说，我这只毛驴现在站的地方不是世界的中心吗？"

国王呆住了，讪讪地说："有这么巧的事情吗？"

阿凡提用手摸了摸胡子，大摇大摆地牵着毛驴走了。

阿凡提的话当然是编造出来蒙骗国王的。但是，阿凡提可能自己也不知道，他说的事情确实会发生。这里面有着深奥的道理，而且蕴含着现代数学的原理。

假设一个函数的图像是连续曲线，当 $x = 1$ 时，函数值取正值；当 $x = 2$ 时，函数值取负值。那么，当 x 在 1 和 2 之间时，一定有一个数使它的函数值是 0。这是一个十分直观的道理，在数学上，这叫作"连续函数的零值定理"。

根据这个定理，我们来分析下面的事实。

把一根橡皮条拉长，固定在一把米尺的两端。然后用红色在橡皮条上画上和米尺同样的刻度。接着，把橡皮条松开，此时，橡皮条仍然紧贴米尺，只是相对的位置发生了变化。我们假定橡皮条的质地是不均匀的，那么它的收缩就是不均匀的。譬如说，原来的起点落在米尺的刻度"26"处，终点落在"80"处；橡皮条上做了记号"40"的点，可能落在米尺上刻"47"的地方。现在，我们再用蓝色在橡皮条上画上和米尺相对应的刻度（图 1）。

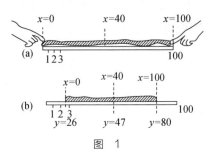

图 1

我们把红色刻度记为 x，蓝色刻度记为 y。我们不难知道 x、y 都在 0 到 100 之内。因为橡皮条是不均匀的，所以，x、y 之间的对应规则是很难弄清楚的。但是我们可以断言：橡皮条上至少有一点，两种颜色的刻度是一致的。

有读者会问："你有什么根据呢？"

道理很简单。我们暂时只看橡皮条的右端部分，由于橡皮条向左收缩，蓝色刻度要比红色刻度小。譬如橡皮条的右端点，红色刻度是"100"，我们刚才假定蓝色刻度是"80"，不是蓝色刻度要比红色刻度小吗？也就是说，$y < x$，或者说 $y - x$ 是负值。我们再看橡皮条的左端部分，由于橡皮条向右收缩，因此 $y - x$ 为正值。$y - x$ 的值是连续变化的，不管是从正到负，还是从负到正，必定要经过 0。也就是说，橡皮条上总有一点令 $y - x = 0$，即两种颜色的刻度是相同的，也就是说，它的位置没有变。

这叫作"不动点原理"，是荷兰数学家布劳威尔在 1912 年证明的。阿凡提昨天进城，今天从城里回家——当然我们假定他在同一时间范围内走同一条路，那么总有一点，他经过的时刻是相同的。这是不动点原理保证的。

根据不动点原理，我们可以知道下面这个有趣的结论是正确的。

取一张纸和一个盒子，纸正好盖住盒子的底。纸上的点和盒子底上的点一一配了对。然后，把这张纸揉成一团，把它扔进盒子里，那么，不管纸团是怎样揉的，不管纸团被扔在什么位置，纸上一定恰巧有一点，在原来和它配对的盒子底上的点的上面。

将一张绷紧的橡皮膜覆盖在世界地图上，描上地图，然后，将橡皮膜放松，仍覆盖在地图上。这时，橡皮膜上标着"纽约"的点可能对着"东京"，标着"伦敦"的点可能对着"莫斯科"……
但总有一点所标的位置没有变化。但是，这究竟是哪一点，我
们不清楚。

　　气象局每天都要预测天气。如果某一天，地球上看似到处狂
风大作，数学家可以断言，地球上至少有一点没有风（图 2 ）。

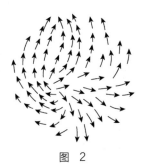

图　2

哈代的"临终遗言"和黎曼猜想

临终遗言

有一次，英国的著名数学家哈代要从丹麦赶回英国。很不幸，他发现码头上只剩下一艘小船可以乘坐了。从丹麦到英国要跨越几百千米宽的大海，风急浪高，在茫茫大海中乘坐小船可不是闹着玩的事情，弄不好就葬身鱼腹了。

"上帝保佑，上帝保佑！"为了旅途平安，乘客们大都忙着祈求上帝的保佑。但哈代是一个坚定的无神论者。看着别人都在祈祷，哈代想："我做些什么呢？我来写个遗言吧。"他到码头边上的邮局里买了一张明信片，写什么呢？写家产怎么分配？不，他只写了一句话："我已经证明了黎曼猜想。"这也算遗言！

寄给谁？当然应该寄给好朋友，还得是科学界的"大咖"，他想了一下，把明信片寄给了物理学家玻尔。

大家应该记得，当年费马在书边上写了一句"我已经证明了……"，就折腾了几代数学家。如今哈代也来了这么一句，这将产生多大的冲击波啊！哈代对自己的杰作很得意。

哈代果真证明了黎曼猜想吗？当然没有。在命悬一线的时刻，他能视死如归，的确伟大；他竟还有心思幽默一下，这种胸襟实在世上少有。可他为什么要寄出这么一张忽悠同行的"遗言"明信片呢？

当他平安抵达英国后，他向玻尔解释了原因。哈代说："如果那次（我）乘坐的小船果真沉没了的话，那句话就会死无对证，人们只好相信我确实证明了黎曼猜想。这样一来，我就可以因为这句话流芳百世了。"他接着说："我是一个坚决不信上帝的人，他老人家是绝不会让我死得如此'光荣'的，因此他一定不会让小船沉没。"这绝对是反证法！

那么，黎曼猜想究竟是怎么一回事呢？

黎曼猜想

1859 年，德国数学家黎曼向柏林科学院提交了一篇只有短短 8 页的题为《论小于给定数值的素数个数》的论文。这篇论文研究的是一个数学家们长期以来就很感兴趣的问题，即素数的分布问题，并提出了所谓的黎曼猜想。

可能有的读者会说："我只听说过费马猜想和哥德巴赫猜想，从来没有听说过黎曼猜想。"是的，费马猜想和哥德巴赫猜想虽然也很难，但题意容易听懂，而黎曼猜想不是这样的，一开始就涉及好多术语和符号，外行听了不知所云。虽然黎曼猜想在知名度上不及费马猜想和哥德巴赫猜想，但它在数学上的重要性要远远超过后两者。

黎曼发现，素数分布的奥秘完全蕴藏在一个特殊的函数之中，尤其是使那个函数取值为 0 的一系列特殊的点，对素数分布的细致规律有着决定性的影响。那个函数如今被称为黎曼 ζ 函数，那一系列特殊的点，则被称为黎曼 ζ 函数的非平凡零点。这个函数表达式是

$$\zeta(s) = \sum_{n=1}^{\infty} \frac{1}{n^s} \quad (\mathrm{Re}(s) > 1, n \in N^+)。$$

很难懂吧?

黎曼在那篇论文里断言,方程 $\zeta(s) = 0$ 的所有有意义的解都在一条直线上,但是他明确承认了自己无法证明这个命题,该命题后来被称为黎曼猜想。

又一个故事

黎曼猜想是吸引了不少优秀数学家的课题。数学家们在企图证明这个猜想时,产生了种种方法和思路,也有人验证了一些数据。我们还记得在证明哥德巴赫猜想时,多数数学家也用到了验证的思路,比如 1 + 6、1 + 5,我国数学家陈景润则验证到 1 + 2。

对于黎曼的猜想,有人验证了 350 万个数据,发现这 350 万个零点全部位于临界线上,于是大大增强了数学家们对黎曼猜想的信心。不过,还是有人不相信。比如德国马克斯·普朗克数学研究所的一位名叫唐·察吉尔的数学家,就对这种验证不以为然。

在察吉尔看来,整数无限多,区区 350 万个零点根本不能说明问题。很快,一位意大利数学家恩里克·邦别里提出了反对意见。这两个人,一个不以为然,一个深信不疑,谁也不服谁,两个人顶牛儿了。怎么办呢?最后,察吉尔提议打赌。可见,打赌并不是老百姓才会做的事,科学家偶尔也会玩一下。

那么,要计算多少个零点才能让察吉尔信服呢?他开出的数目是 3 亿个。于是，两人就以这个数目为限订下了赌约：如果在前 3 亿个零点中出现反例，那么黎曼猜想被否定，察吉尔当然就获胜；反之，如果黎曼猜想被证明，或者虽然没被证明，但在前 3 亿个零点中没有出现反例，则算邦别里获胜。

赌注是多少？1 万美元？10 万美元？不！他们赌两瓶葡萄酒——咳，区区两瓶葡萄酒算什么？数学家真"小儿科"。

初看起来，已经计算出的 350 万个零点相对于察吉尔的 3 亿个零点来说，简直就是"小巫见大巫"。察吉尔估计，根据当时的计算机的计算速度，这个赌局也许要花上 30 年的时间才能分出胜负。可是，他显然大大低估了计算机技术的发展速度。摩尔定律可不是吃素的（尽管当时这个定律刚刚被提出，还没有为世人所认识），计算机的速度每 18 个月可以翻一番。

事实上，离赌局设立还不到 10 年，即在 1979 年，一位计算机数学家就把零点计算的数目推进到 2 亿个，这 2 亿个零点全都位于临界线上。

"这 2 亿个零点真的那么听话，都乖乖地落在这条线上？"形势对察吉尔极为不利，察吉尔的心情有点儿紧张了。

不过，计算出 2 亿个零点的那位计算机数学家对两个人的赌局一无所知，在计算完 2 亿个零点后，他的研究工作就停了下来。察吉尔松了一口气。

不料，有人将赌局之事告诉了那位计算机数学家，还对他进行了一番鼓动。"有这等事？"这位计算机数学家一听就兴奋了，特意申请了经费，组织人力，继续展开新的"长征"。他一鼓作气推进到了 3 亿个零点——没有出现反例，黎曼猜想还是岿然不动。

察吉尔输了，他兑现诺言，买来了两瓶葡萄酒，请对手共饮。科学家嘛，毕竟是有气度的，输了，就认输呗！

用察吉尔的话说，他们喝掉的这两瓶葡萄酒是世界上最昂贵的葡萄酒。因为正是为了那个赌局，那位计算机数学家特意多计算了 1 亿个零点，为此花费了约 70 万美元的科研经费。也就是说，每瓶葡萄酒是用 35 万美元的经费换来的！这位计算机数学家有没有共饮这两瓶昂贵的葡萄酒？我没有见到记述。其实他是最有资格享用这杯美酒的人。

喝完了这两瓶葡萄酒，察吉尔从此也对黎曼猜想深信不疑了。但是数学讲究的是逻辑，尽管 3 亿个正例够厉害了，但这还是不能代表黎曼猜想是正确的。

双料难题

2015 年 11 月 17 日，英国的《每日邮报》报道，尼日利亚的奥佩耶米·伊诺克成功解决了黎曼猜想。2018 年 9 月 24 日，菲尔兹奖和阿贝尔奖双料得主迈克尔·阿蒂亚爵士声明，自己证明了黎曼猜想。然而，这些结果都没有得到数学界的肯定。黎曼猜想至今尚未被成功证明。在攀登"黎曼猜想高峰"的过程中，中国数学家楼世拓和姚琦也做了一些工作（1980 年）。

1900 年，希尔伯特提出的 23 个数学问题引领了后世数学的发展。黎曼猜想是其中为数不多的仍未解决的问题之一。2000 年，在新世纪到来之际，美国克雷数学研究所提出了 7 个难题，称之为"千禧难题"，黎曼猜想也列在其中。黎曼猜想是唯一的"双料难题"——它既是希尔伯特问题，又是千禧难题。

黎曼猜想意义重大，黎曼猜想与费马大定理已经成为广义相对论和量子力学融合的 m 理论几何拓扑载体。真想不到，黎曼猜想只不过是素数的个数问题，看起来没有任何实际应用价值，竟然和量子力学有关。除此之外，它和现代数学好多其他分支也有关。有人统计过，当今数学文献中已有超过 1000 条数学命题以黎曼猜想的成立为前提。如果黎曼猜想被证明，那么那些数学命题就全都可以升格为定理；反之，如果黎曼猜想被否定，那么起码其中一部分命题将"光荣牺牲"。

我期待在不久的将来，黎曼猜想能够得到圆满解决。

第五篇

数列和极限

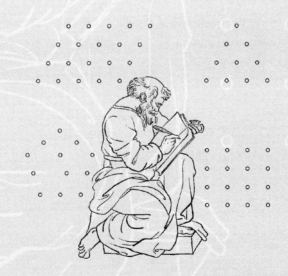

毕达哥拉斯巧布"石子阵"

我国的珠算是世界文明的瑰宝。在我们练习珠算加法的时候，老师总要我们"算百子"，也就是做一个加法题：$1 + 2 + 3 + 4 + \cdots + 100 = ?$

在数学里，将形如

$$1, 2, 3, \cdots, 100 \tag{1}$$

$$1, 3, 5, 7, \cdots, 99, \cdots \tag{2}$$

$$5, 8, 11, 14, 17, 20, 23, 26, \cdots \tag{3}$$

的一列数叫作等差数列。"算百子"就是求等差数列(1)的和。

为了让珠算手法更熟练，"算百子"不讲究计算技巧，用一项一项反复加的办法来求出数列的和。其实等差数列求和有公式，那就是

$$和 = \frac{1}{2} \times 项数 \times （首项 + 末项），$$

记为字母，就是

$$S_n = \frac{1}{2} n(a_1 + a_n),$$

这道理是十分简单的。因为这是一个等差的数列，也就是说，相邻两项的差都是相同的，所以

第一项 + 倒数第一项

= 第二项 + 倒数第二项

= 第三项 + 倒数第三项

……

譬如数列(3)的前 8 项，

第一项 + 倒数第一项 $= 5 + 26 = 31$，

第二项 + 倒数第二项 $= 8 + 23 = 31$，

第三项 + 倒数第三项 $= 11 + 20 = 31$，

它们的和都是 31，因此各项的平均数就是 $\frac{1}{2} \times$（首项 + 末项），再乘以项数，当然就是各项的和了。

德国伟大的数学家高斯在 10 岁的时候就会运用这种方法求出 $1 + 2 + 3 + \cdots + 100$ 了。方法如下：

$$1 + 2 + 3 + \cdots + 100 = \frac{1}{2} \times 100 \times (1 + 100) = 5050。$$

有趣的是，伟大的古希腊数学家毕达哥拉斯喜欢用摆出"小石子图形"的办法来研究数列（图 1）。

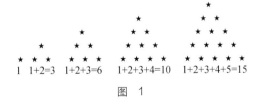

图　1

按图 1 这样摆的小石子，摆 1 层是 1 颗石子，摆 2 层是 3 颗石子，摆 3 层是 6 颗石子……摆上 100 层，那么这些石子的总数就是数列(1)的和了。毕达哥拉斯把 1, 3, 6, 10, 15…这样的数叫作"三角形数"。第 100 个三角形数当然就是 5050 了。

第 n 个三角形数是多少？因为第 n 个三角形数的本身是一些项的和，其末项是 n，项数也是 n，所以，第 n 个三角形数是 $\frac{1}{2}n(n+1)$。

用小石子图形很容易求出等差数列的求和公式。我们以 4 层的三角形数为例。

图 2

将另一个 4 层的三角形数图形倒放，如图 2 那样拼在一起，这样就形成了一个平行四边形。它的底是末项和首项的石子数的和，图 2 里是 $4+1$。一共有 4 层（项数），所以这个平行四边形的石子数是 $(4+1)\times4$，考虑到三角形数应该是相应的平行四边形数的一半，所以 4 层的三角形数是 $\frac{1}{2}\times4\times(4+1)$。一般地，等差数列的求和公式是 $\frac{1}{2}\times$ 项数 $\times$（首项 $+$ 末项）。

除了三角形数之外，毕达哥拉斯把 1, 4, 9, 16, $\cdots$, 81, 100, $\cdots$ 这样的数叫作"正方形数"。为什么呢？请看下面的小石子图形（图 3）。

图 3

根据这个图形，毕达哥拉斯得出了好几个定理或者公式。

1. 正方形数是从 1 开始的几个连续奇数的和（图 4），即

$$1 + 3 + 5 + \cdots + (2n - 1) = n^2。$$

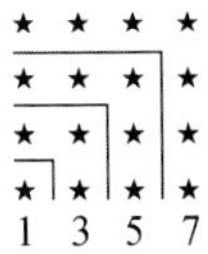

图　4

我们用一个具体例子加以说明。将 4×4 的正方形数分割成"角尺"形，不难看出，

$$1 + 3 + 5 + 7 = 4^2。$$

2. 正方形数是相邻的两个三角形数的和。

我们也用具体例子加以说明。将 4×4 的正方形数分割成两个三角形数，不难看出，这个正方形数，也就是第 4 个正方形数，等于第 4 个三角形数加上第 3 个三角形数。当然，第 n 个正方形数等于第 n 个三角形数加上第（$n-1$）个三角形数，即（图 5）

$$n^2 = \frac{1}{2} n(n + 1) + \frac{1}{2}(n - 1)n。$$

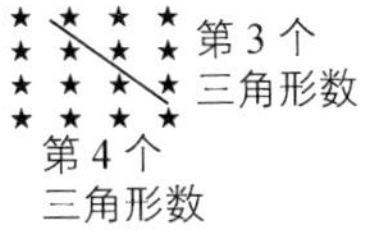

图　5

毕达哥拉斯还摆出了五边形数，譬如第 4 个五边形数可分割成 3 个三角形数和 1 条直线（图 6）。于是，第 n 个五边形数等于 3 个第（$n-1$）个三角形数加上 n，即

$$\frac{3}{2}(n - 1)n + n。$$

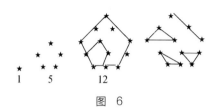

图 6

　你看，用"石子阵"，也就是图形，可以得出代数公式，这种方法确实别具一格，这也是毕达哥拉斯的研究特色。

日本"女子开方术"

一个小故事

在联欢会上，大家有时候来了兴致，就会互相怂恿唱歌、跳舞、表演节目。我不善歌舞，遇到这种场合往往就想逃避。如果实在无法逃避的话，我就只得出一道数学谜题糊弄一下。

有一次，我出了一道算术题。在场的朋友很紧张，都说自己算术不行。但是我一开口，大家的心情就放松了，原来我出的是一道小学一年级水平的题目："一辆空的公交车从停车场里驶出，第一站上来 3 个乘客，第二站上来 2 个，下去 1 个，第三站接着上来 4 个，下去 2 个。"

大家一边认真听，一边扳着手指计数。

我接着说下去："再到下一站，下去 5 个，上来 3 个；再到下一站，下去 2 个，上来 3 个；再到下一站，下去 1 个，上来 5 个……"

大家信心满满。我突然叫停："问：……"我下文还没有出口，不少朋友就喊出来"车上还有几个乘客"。

我大声说："问：这辆车停了几次？"

大家一下子傻了，由于思维定式，大家以为我应该问"车上还有几个乘客"，哪知道我问的是"车停了几次"。于是，大家冲着我大叫："你太坏了！"

女子开方术

下面说说本文的主题——女子开方术。

尽管电子计算器已应用广泛，但是算盘仍然受到人们的重视。特别是在加减运算中，珠算能手的计算速度并不低于电子计算机的计算速度。除了加减运算外，算盘还可用于乘除运算。那么，算盘可不可以用于开平方运算呢？

人们早就发现

$$1 + 3 = 4 = 2^2,$$
$$1 + 3 + 5 = 9 = 3^2,$$
$$1 + 3 + 5 + 7 = 16 = 4^2,$$
$$\vdots$$
$$1 + 3 + 5 + \cdots + (2n - 1) = n^2。$$

也就是说，从 1 开始的 n 个奇数的和恰巧等于 n^2。利用这个性质，我们就可以在算盘上进行开平方运算。例如求 $\sqrt{144}$，我们可以从 144 中依次减去 1, 3, 5, 7,⋯，因为

$$144 - \underbrace{1 - 3 - 5 - 7 - \cdots - 23}_{12\text{个}} = 0。$$

不要只关心"减了多少"，我们还应该关心"减了几次"。到这里，我们减了 12 次，所以

$$\underbrace{1 + 3 + 5 + 7 + \cdots + 23}_{12\text{个}} = 12^2$$

于是

$$\sqrt{144} = 12 \text{ 。}$$

可以看出，这个方法将开平方问题转化为减法，而减法在算盘上是较容易实施的。但是，在做减法的时候，人们往往只注意被减数和减数的数值大小，而不注意"减了几次"，而这里恰恰需要统计实施减法的次数 n。这像不像笔者刚刚提出的数学谜题那样？本文开头的铺垫还是有道理的啊。

譬如，刚才我们从减 1 开始，减 3，减 5……最后减去 23，得 0，一共减了几次呢？我读大学的初期还没有电子计算机，人们使用的是机械计算机，有的是手摇式的，有的是电动的。我使用的是一种手摇式的机械计算机，做一次减法，手摇一次，做一次，摇一次……摇啊摇，有时候真的忘了摇了几次。

好在还有别的办法补救。摇的次数可以这样算出：因为第 n 个奇数是 $2n-1$，所以

$$2n - 1 = 23 \text{ ，}$$
$$n = (23+1) \div 2 = 12 \text{ 。}$$

同理，如果最后一个减数是 35，那么共减了

$$(35+1) \div 2 = 18 \text{（次）} \text{ 。}$$

这样，在算盘上计算开平方问题在理论上被解决了。但是，当被开方数较大时，从 1 开始，逐次减去 3，5,…的步骤似乎过于繁复。这时，我们还可以利用一些技巧，使步骤简单些。

例如，求 $\sqrt{529}$，我们可以这样做：将 529 从个位开始向左分段，每两位为一段，也就是将 529 看作 5'29。不难看出，它的平方根是一个二位数，而且十位数字是 2。这是因为

$$400 < 529 < 900，20 < \sqrt{529} < 30。$$

接着，我们可在算盘上一下子减去 400。因为

$$\underbrace{1+3+5+\cdots+39}_{20个} = 400 = 20^2，$$

所以，一下子减去 400，相当于

$$529 - \underbrace{1-3-5-\cdots-39}_{20个} = 129，$$

继续减下去，注意应从 41 开始减，得

$$129 - \underbrace{41-43-45}_{3个} = 0，$$

可见

$$529 - \underbrace{1-3-\cdots-45}_{23个} = 0。$$

所以

$$529 = \underbrace{1+3+\cdots+45}_{23个} = 23^2，$$

即

$$\sqrt{529} = 23。$$

这里，一下子减去了几个数（和为 400）之后，要确定接下去的一个减数（41）是关键的问题。这个问题也不难解决。因为

$$400 = 20^2，$$

所以，减去 400 相当于一下子减去了从 1 开始的 20 个奇数。可见，接下去要减的一个数应是从 1 开始的第 21 个奇数，即

$$2 \times 21 - 1 = 41。$$

这样一来，在算盘或手摇计算机上计算开平方问题就简捷得多了。

顺便说一句，人们可以设计多种在现代电子计算机上执行开方运算的程序，有一种程序就是根据上述原理设计的。这个开平方法的历史颇为悠久，在古代日本就已为人所知。不知为什么，在古代日本，这个方法叫作"女子开方术"。

玫瑰花奇案

拿破仑信口开河

1984 年，法国和卢森堡之间发生了一件有趣的债务案件。这件案子是怎么产生的？说起来你可能会不信，起因竟是一束玫瑰花。

1797 年，拿破仑携夫人参观了卢森堡的一所小学。那天，拿破仑可能心情特别好，他送给校长一束玫瑰花。在致辞中，拿破仑说："只要法国存在一天，每年的今天，我将会派人送上一束玫瑰花，作为我们两国友谊的象征。"拿破仑信口说了这一通话，但是他后来自顾不暇，根本没有兑现诺言。

"大国"随便说句话，可"小国"当了真。到了 1984 年，卢森堡政府提出，由于法国政府没有履行诺言，卢森堡要求赔款。计算方法是：自 1798 年算起，每年一束玫瑰花算 3 个金路易，并按 0.5% 的利息计息。

不过几束玫瑰而已，法国人本来不以为意。可是不算不知道，一算吓一跳。这项债务竟达到 138 万法郎，是一个法国国库难以承受的数字。最后，法国人以道歉的形式平息了这件"玫瑰债务案"。

富兰克林的遗嘱

无独有偶，美国著名的政治家、《独立宣言》的起草人富兰克林在死前写了一份遗嘱。遗嘱里有这么一段：

"……把 1000 英镑赠给波士顿的市民们。如果他们接受了这笔钱，那么波士顿应该组成一个管理这笔钱的小组，小组的成员应该由公选产生。他们应该把这笔钱借给一些年轻的工匠，年利率定为 5%。

"100 年后，这笔钱款将增加到 131 000 英镑。我希望到那时，人们用 100 000 英镑建造一座公共建筑，剩下的 31 000 英镑继续生息。

"再过 100 年，这笔钱款将增加到 4 061 000 英镑，其中 1 061 000 英镑还是由波士顿市民支配，而其余的 3 000 000 英镑由马萨诸塞州的公众来管理。

"再以后的事，我可不敢多作主张了……"

富兰克林不过留下 1000 英镑，但是他却在指挥、调动几百万英镑。这是不是痴人说梦呢？不是的。

复利

为什么开始时的区区小数，后来竟然成了"庞然大物"呢？这就是"复利"在起作用。开始的一笔钱叫作本金。把这笔钱借给别人，或者存入银行，过了一段时间之后，就可以得到更多的钱。增加的数目就是利息。利息有两种计算方式：一种是单利，一种是复利。

我们举例子加以说明。假定本金是 100 元，利息是每年 10%。如果按单利计算，那么一年后应该得到

$$100 + 100 \times 10\% = 110 \text{（元）}，$$

两年后，应得

$$100 + 2 \times 100 \times 10\% = 120（元），$$

……

n 年后，应得

$$100 + n \times 100 \times 10\% = 100 + n \times 10（元）。$$

它的特点是，每年的利息固定不变，在这个例子里，每年的利息都是 10 元。

如果以复利计算，那么，一年后应得

$$100 + 100 \times 10\% = 100 \times (1 + 10\%) = 110（元），$$

两年后应得多少？在计算时，应以 110 元作为本金，所以两年后应得

$$110 + 110 \times 10\% = 121（元）。$$

这个式子也可以写成

$$110 + 110 \times 10\% = 110 \times (1 + 10\%) = 100 \times (1 + 10\%)^2。$$

这一年的利息是 11 元，比第一年的利息多了 1 元。三年后应得

$$121 + 121 \times 10\% = 133.10（元）。$$

这个式子也可以写成

$$121 \times (1 + 10\%) = 100 \times (1 + 10\%)^3，$$

利息又多了些。

n 年以后应得多少？我们不难知道，应该是

$$100 \times (1 + 10\%)^n。$$

按单利计算，那么本金和利息的和（也叫本利和）构成了一个等差数列。在上面的例子里，我们得到了等差数列：

$$100, 110, 120, 130\cdots,$$

它的公差是 10。

而按复利计算，那么本利和构成了一个等比数列。在上面的例子里，我们得到了

$$100, 110, 121, 133.1\cdots,$$

这是一个等比数列，公比是 110%。

等差数列又叫算术数列，其增加和减少的数值是均匀的；而等比数列又叫几何数列，其增加和减少的数值越来越大。

复利在过去常常和"利滚利"的残酷剥削联系在一起，其实，在有些情况下，用复利计算利息是合理的。我国银行过去一直是用单利计算利息的，但随着市场经济的确立和发展，现在有些领域也运用复利的原则。

马王堆古墓之谜

1972 年~1974 年，我国考古工作者在湖南长沙马王堆成功发掘了一座古墓。墓中陆续出土了大量文物、文献。直到现在，考古学家、历史学家和科技工作者还在研究、解读这些文物和文献。当时，摆在考古学家面前的第一个问题就是要"验明正身"——这是谁的墓？是哪年安葬的？

为了解开这个谜，考古学家和历史学家对发掘出来的文物和文献进行考证，而科技工作者则从另一个角度——利用碳–14 放射性同位素的变化来判断。

碳–14 每年都会按一定的比例变为氮–14。生物体内都含有一定量的碳–14，当生物体活着的时候，体内的碳–14 保持着一定的数值，这是因为生物体会自我补充碳–14。一旦生物死亡，补充停止，碳–14 就会慢慢减少。因此，只要测得尸体中碳–14 的含量，就可以推算出这位墓主死于多少年前。

经过测定和计算，科技工作者认定，墓主当时已死了 2130 年，和历史学家根据文物、文献推算出的结果——2140 年，只相差 10 年。

1996 年，耗资 1 亿元的国家重大科研项目——夏商周断代工程启动，这项工程就是研究究竟在哪一年商灭了夏？在哪一年周灭了商？项目取得了决定性的成果，这项研究动用了各种手段：文物文献的、地质的、天文的，当然也包括使用放射性同位素的方法。

如果每年有 0.012% 的碳‑14 转变为氮‑14, 那么我们来算一下碳‑14 的半衰期是多长时间呢? 也就是说, 要经过多少年, 1 克碳‑14 才会变成半克呢?

设原有 1 克碳‑14;

一年后, 剩下 $(1 - 0.012\%)$ 克;

两年后, 剩下 $(1 - 0.012\%)^2$ 克;

三年后, 剩下 $(1 - 0.012\%)^3$ 克;

······

我们不难知道, 这些数构成了一个等比数列。设 x 年后, 1 克碳‑14 变成了 $\dfrac{1}{2}$ 克, 所以有方程

$$(1 - 0.012\%)^x = \frac{1}{2} \text{。}$$

这是一个指数方程, 只要取对数, 就可解得

$$x\lg(1 - 0.012\%) = \lg\frac{1}{2}$$
$$x \approx 5700 \text{（年）。}$$

所以, 1 克碳‑14 要经过 5700 年左右才会减少为 $\dfrac{1}{2}$ 克, 也就是说, 碳‑14 的半衰期大约是 5700 年。

根据这个数据看, 马王堆古尸里的碳‑14 还没有衰减到一半的程度。具体地说, 当初的 1 克碳‑14, 现在成了

$$(1 - 0.012\%)^{2130} \approx 0.77 \text{（克）。}$$

两个老太太

有一个故事说，有两位老太太，两人年龄差不多，又几乎同时到达了"另一个世界"。就在"另一个世界"里，两人见了面。

李老太太说："我刚用我的全部积蓄买了一套房子，就来到了这个世界。"

王老太太说："我刚还清了住房的最后一笔贷款，就来到这里了。"

李老太太问："你的住房是几年前买的呢？"

"20 年前。"

"那你已经享了 20 年的福了啊！"李老太太羡慕地说，"可我一天都没享受……"

这个故事是杜撰的，因为根本不存在"另一个世界"嘛。这个故事反映了人们的消费观念的差别。市场经济的发展最终总会引起消费观念的变化。近年来，习惯于量入为出的中国人慢慢地学会"寅吃卯粮"，分期付款、按揭贷款在我国盛行起来。

我们撇开经济学观点的争论，就数学的角度来讨论一下分期付款问题。

某人购房，房价为 120 万元。付款方式有两种：

(1) 一次付清，享受九五折优惠；

(2) 首期付 40 万元, 余款分 9 年还清, 每年还 10 万元。

问：哪种付款方式更合算呢?

这个问题不能简单地回答, 要考虑利息因素。

付款方式(2)的付款情况是这样的：

当年（假定是 2010 年）, 付 40 万元;

一年后（2011 年）, 付 10 万元;

二年后（2012 年）, 付 10 万元;

⋮

九年后（2019 年）, 付 10 万元。

看起来总价是 130 万元, 似乎不合算, 其实不然。每年都付 10 万元, 但 2011 年付的 10 万元到 2019 年可以产生可观的利息, 就值不止 10 万元了。所以, 我们应该将这些款项按照统一的年份折算, 譬如折算成 2019 年的价值, 然后再比较。

假定年利率是 0.05%, 并按复利计, 那么,

2010 年的 40 万元, 相当于 2019 年的 $40 \times (1 + 0.05)^9$ 万元;

2018 年的 10 万元, 相当于 2019 年的 $10 \times (1 + 0.05)$ 万元;

2017 年的 10 万元, 相当于 2019 年的 $10 \times (1 + 0.05)^2$ 万元;

⋮

2011 年的 10 万元, 相当于 2019 年的 $10 \times (1 + 0.05)^8$ 万元。

所以, 分期付款的总的款项看起来是 130 万元, 但相当于 2019 年的

$$40 \times (1 + 0.05)^9 + 10 + 10 \times (1 + 0.05) + 10 \times (1 + 0.05)^2 + \cdots$$
$$+ 10 \times (1 + 0.05)^8 \text{万元。}$$

后面 9 项构成一个等比级数

$$10 \times (1 + 1.05 + 1.05^2 + \cdots + 1.05^8)$$

$$= \frac{1.05^9 - 1}{1.05 - 1} \times 10$$

$$\approx 110.3 \text{万元。}$$

首期付款 40 万元，相当于 2019 年的

$$40 \times 1.05^9 \approx 62.1 \text{万元。}$$

两项相加，得 172.4 万元，也就是说，方案(2)的总价 130 万元相当于 2019 年的 172.4 万元。

而方案(1)付了

$$120 \times 0.95 = 114 \text{万元，}$$

相当于 2019 年的

$$114 \times 1.05^9 \approx 176.9 \text{万元。}$$

表面看来，虽然方案(1)只付了 114 万元，但实际上是不合算的。

横看成岭侧成峰

两数和的平方公式是：

$$(a + b)^2 = a^2 + 2ab + b^2。$$

两数和的立方公式是：

$$(a + b)^3 = a^3 + 3a^2b + 3ab^2 + b^3。$$

进一步推算下去，可知

$$(a + b)^4 = a^4 + 4a^3b + 6a^2b^2 + 4ab^3 + b^4,$$
$$(a + b)^5 = a^5 + 5a^4b + 10a^3b^2 + 10a^2b^3 + 5ab^4 + b^5,$$
$$(a + b)^6$$
$$= a^6 + 6a^5b + 15a^4b^2 + 20a^3b^3 + 15a^2b^4 + 6ab^5 + b^6$$

略加观察，我们可看出，指数变化的规律是一个字母 a 按自然数顺序降幂，而另一个字母 b 则按自然数顺序升幂。那么各项的系数有什么规律呢？

我国古代数学家发现，如果在这些公式前再补充

$$(a + b)^0 = 1,$$

和

$$(a + b)^1 = a + b,$$

则它们的系数可以排成一个三角形（图 1）。

```
                    1
                 1     1
              1     2     1
           1     3     3     1
        1     4     6     4     1
     1     5     10    10    5     1
  1     6     15    20    15    6     1
················································
```

图　1

只要认真观察就可以看出：这张图中的每一个数，都可以由它"肩"上的两个数相加得到。利用这张图，我们很容易把$(a+b)^n$展开成多项式。

在我国，这张图表被称为"杨辉三角形"，因为宋朝的数学家杨辉在他的一本书中记述了这张图表的构造。其实，据杨辉记载，在他之前很久的贾宪已经采用过这张图表了。

在国外，这张图表叫作"帕斯卡三角形"，其实，帕斯卡发现这个系数三角形的时间比中国人晚了三百多年。

杨辉三角形有不少有趣的特点。如果将各行的数分别加起来，那么，从第一行起，依次得到的和是 1, 2, 4, 8, 16, 32, …，即 2^0, 2^1, 2^2, …, 2^n。

另外，如果将各行的各数字"拼"起来，就能拼成一个多位数。例如，第一行就是"1"，第二行就拼成了二位数"11"，第三行就是"121"，第四行是"1331"，第五行是"14 641"。它们分别是 11^0、11^1、11^2、11^3、11^4。从第六行开始，数字不再保持这一特性。

下面，把杨辉三角形改写成图 2。

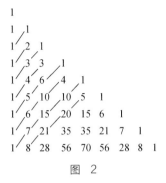

图　2

竖看，第一列都是 1，第二列是 1, 2, 3, 4,…，即自然数列，第三列正巧是"三角形数"，这是古希腊学者毕达哥拉斯的提法，为什么这样称呼它们呢？只要看图 3 中的图形便可知道。

图　3

斜看，将图 2 中各斜线上的数相加，则得到数列 1, 1, 2, 3, 5, 8, 13, 21,…，这是什么数列？这就是大名鼎鼎的斐波那契数列。

横看，竖看，斜看……姿态各异，妙趣横生。真是"横看成岭侧成峰"。

莱布尼茨三角形

和杨辉三角形类似，德国大数学家莱布尼茨也构造了一个三角形。它的构造方法是这样的：每一个数都是分数，分子都是 1，分母是杨辉三角形中同样位置上的数乘以相应的行数。譬如，杨辉三角形中第四行的第二个数是 3，那么，莱布尼茨三角形的相应位置上的数是 $\dfrac{1}{4\times3}$，即 $\dfrac{1}{12}$（图 1）。

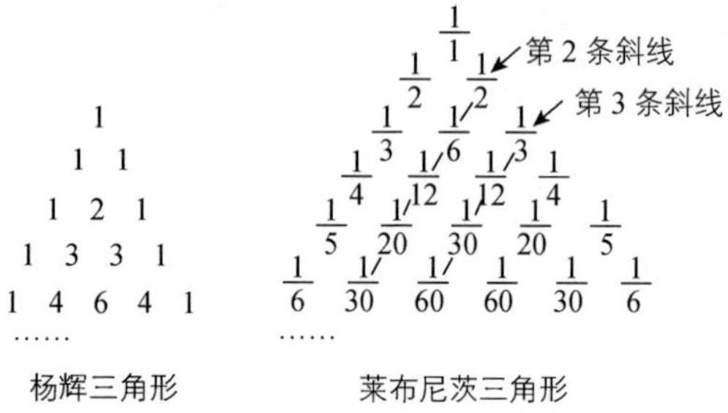

图 1

莱布尼茨三角形也是一个奇妙的数表。

除 1 以外，杨辉三角形里的数都是"肩"上两个数的和；莱布尼茨三角形里的每一个数，都是"脚下"两个数的和。例如，第四行第二个数 $\dfrac{1}{12}$ 是它"脚下"的两个数 $\dfrac{1}{20}$、$\dfrac{1}{30}$ 的和（图 2）。

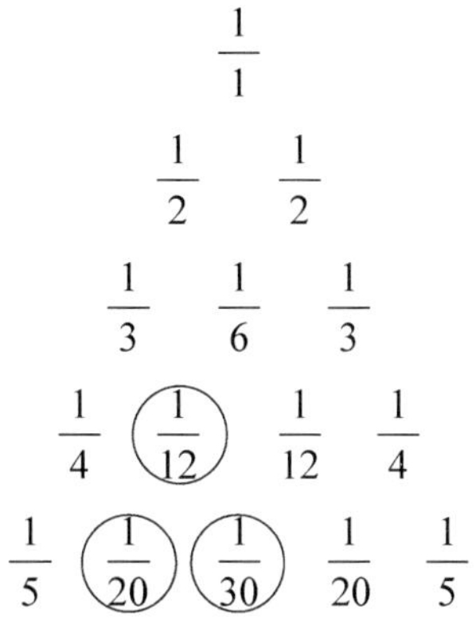

$$\frac{1}{1}$$

$$\frac{1}{2} \qquad \frac{1}{2}$$

$$\frac{1}{3} \quad \frac{1}{6} \quad \frac{1}{3}$$

$$\frac{1}{4} \quad \left(\frac{1}{12}\right) \quad \frac{1}{12} \quad \frac{1}{4}$$

$$\frac{1}{5} \quad \left(\frac{1}{20}\right) \quad \left(\frac{1}{30}\right) \quad \frac{1}{20} \quad \frac{1}{5}$$

图　2

注意莱布尼茨三角形里的"斜线"，它有这样的特点：第 $(n+1)$ 条斜线上的数的和等于 $\frac{1}{n}$ ，如

$$1 = \frac{1}{2} + \frac{1}{6} + \frac{1}{12} + \frac{1}{20} + \frac{1}{30} + \cdots,$$

$$\frac{1}{2} = \frac{1}{3} + \frac{1}{12} + \frac{1}{30} + \frac{1}{60} + \frac{1}{105} + \cdots 。$$

"小人物"法里和法里数列

正当"大人物"拿破仑叱咤风云之时，美国出现了一个小人物，名叫约翰·法里。法里是一个土地丈量员，业余时间喜欢收藏、音乐，也喜欢数学和天文学。只要在业余生活里有点儿心得，他就动手写点小文章，投投稿。然而，小人物法里竟然名垂青史，数学中有一个数列就是以他的名字命名的。那么，法里数列是什么样的数列呢？

我们指定一个自然数，譬如 7，把分母不超过 7 的所有正的最简真分数从小到大排列起来，就得到数列

$$\frac{1}{7}, \frac{1}{6}, \frac{1}{5}, \frac{1}{4}, \frac{2}{7}, \frac{1}{3}, \frac{2}{5}, \frac{3}{7}, \frac{1}{2}, \frac{4}{7}, \frac{3}{5}, \frac{2}{3}, \frac{5}{7}, \frac{3}{4}, \frac{4}{5}, \frac{5}{6}, \frac{6}{7} \text{。} \quad (1)$$

这个数列共 17 项，它就是一个法里数列。如果指定自然数为 3，我们也可以得到相应的法里数列

$$\frac{1}{3}, \frac{1}{2}, \frac{2}{3} \text{。}$$

如果指定的自然数是 5 呢？读者可以自己尝试列出相应的法里数列。

法里数列之所以能够名垂青史，是因为它有些有趣的性质。第一，我们来探讨一下法里数列的项数。

我们先引进一个记号，给出一个自然数 c，我们把比 c 小，而

且和 c 互质的自然数的个数记作 $\phi(c)$。譬如，给出 $c = 7$，小于 7 而且和 7 互质的数是 1、2、3、4、5、6，共 6 个，所以 $\phi(7) = 6$。再譬如，$c = 6$，小于 6 的自然数有 1、2、3、4、5，共 5 个，但其中 2、3、4 与 6 不互质，只有 1、5 和 6 互质，所以 $\phi(6) = 2$。

法里数列(1)中的分数，它们的分母有 2、3、4、5、6、7 六种可能。如果分母是 2，那么分子一定要比 2 小，而且要和 2 互质，所以分母是 2 的分数有 $\phi(2)$ 个，即 1 个。分母还可以是 3，相应的分子有 $\phi(3)$ 个，即 2 个……不难看出，法里数列(1)的项数是

$$\phi(2) + \phi(3) + \cdots + \phi(7) = 1 + 2 + 2 + 4 + 2 + 6 = 17（项）。$$

一般地，分母小于 n 的法里数列的项数为

$$\phi(2) + \phi(3) + \cdots + \phi(n)。$$

第二，我们来看一下相邻的三项之间有什么关系。我们随意从数列(1)中取出相邻的三项：$\dfrac{1}{6}$、$\dfrac{1}{5}$、$\dfrac{1}{4}$。将前项和后项的分子、分母分别相加，得到的分数是

$$\frac{1+1}{6+4} = \frac{2}{10} = \frac{1}{5},$$

恰巧等于中项。可见，法里数列相邻三项中的中间一项是前后两项的"加成分数"。

第三，法里数列的项数总是奇数。它的中间一项一定是 $\dfrac{1}{2}$，与 $\dfrac{1}{2}$ 等距的两项的和必定是 1。

第四，相邻两项之差必定是这两项的分母积的倒数。例如，数列(1)里的第 6 项和第 5 项的差

$$\frac{1}{3} - \frac{2}{7} = \frac{1}{21}。$$

第五个性质是十分奇妙的。如果规定 $\phi(1) = 1$，那么

$$\phi(1) + \phi(2) + \cdots + \phi(n) \approx \frac{3n^2}{\pi^2}。 \qquad (2)$$

或者说，法里数列的项数近似等于 $\frac{3n^2}{\pi^2} - 1$。

随着 n 的增大，式(2)的精确度也增高。例如，当 $n = 100$ 时，

$$\frac{3n^2}{\pi^2} = 3039.6355\ldots$$

式(2)左端等于 3043，两者误差仅为 1‰左右。

圆周率 π 是研究圆周长和圆面积的产物，然而，和圆毫无关系的法里数列的项数竟然和圆周率有着密切的关系，真可谓奇妙也！既然两者有关系，我们就可以利用这个关系。也就是说，我们不必像刘徽那样割圆，利用式(2)也可以求出圆周率 π 的值。

数学与音乐的缘分

我国古代早就有宫、商、角、徵、羽五声音调，相当于现行乐谱上的 do、re、mi、sol、la。后来，人们又发现了"三分损益"定音的办法。以现在的音符为例，如果弹奏一根弦长为 1 的弦，发出 do 的音，那么弃去它的 $\frac{1}{3}$，即用手按在弦的 $\frac{2}{3}$ 处，弹奏出来的音是 sol，这叫"三分损一"。然后在此基础上，加上它的 $\frac{1}{3}$，即用手按在原弦的

$$\frac{2}{3} + \frac{2}{3} \times \frac{1}{3} = \frac{8}{9}$$

处，弹奏出的音是 re，这叫"三分益一"。

再"三分损一"，得 la；再"三分益一"，得 mi；再"三分损一"，得 si；再"三分益一"，得 fa，至此得到了"七音"（图 1）。

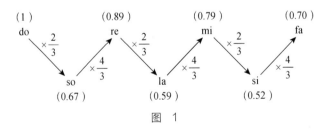

图 1

古希腊学者毕达哥拉斯对音乐和数学都很有研究。他发现，如果一根弦弹出的音是 do，那么取它的 $\frac{2}{3}$，可弹出比 do 高五度的

音 sol；取它的 $\frac{1}{2}$，可弹出比 do 高八度的音 do。同时，他认为如果弦长成简单的整数比，如 2∶3 或 1∶2，那么，弹出的几个音听起来较和谐。这样，由于上面三个音的弦长比是 $1:\frac{2}{3}:\frac{1}{2}$，即 6∶4∶3，这是简单整数比，所以是"调和"的。如果求出 $1, \frac{2}{3}, \frac{1}{2}$ 的倒数，得

$$1, \frac{3}{2}, 2。$$

它们之间又有什么关系呢？可以看出

$$\frac{3}{2}-1=\frac{1}{2},$$
$$2-\frac{3}{2}=\frac{1}{2},$$

即后面一个数与前面一个数的差都是 $\frac{1}{2}$，我们说这三个数成"等差数列"。

如果三个数的倒数成等差数列，那么我们就说这三个数成调和数列。你看，这个名称就是由音乐而来的！

在钢琴上，为了转调方便及其他目的，一个八度音被分成几个半音。高音 do 的弦长是中音 do 的弦长的一半。从物理中可以知道，高音 do 的频率是中音 do 的频率的 2 倍。为了使相邻两个半音的频率比相同，钢琴上十二个半音的频率分别是（设第一个半音的频率为 1）：

$$1, \sqrt[12]{2}, \sqrt[12]{2^2}, \sqrt[12]{2^3}, \cdots, \sqrt[12]{2^{11}}。$$

高音 do 的频率为 $\sqrt[12]{2^{12}}$（即 2）。由于后一个数与前一个数的比都相等，所以上面一列数叫"等比数列"。

你看，数学与音乐不是有千丝万缕的联系吗?

斐波那契数列

有一对刚出生的小兔子，一个月后，它们长成大兔；再过一个月，它们生出了一对小兔；三个月后，大兔又生了一对小兔，原先的小兔长成了大兔……总之，每过一个月，小兔可以长成大兔，一对大兔每一个月总生出一对小兔，并且不会死亡。问：这样过了一年后，共有多少对兔子？

我们画出图 1，以便寻找兔子数的规律。图中带○的图表示小兔，带●的图表示大兔。

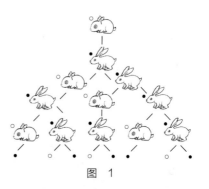

图 1

显然，某月后的兔子数总由两部分组成：大兔数和小兔数。而当月的小兔数就是上月的大兔数，因为上月有多少对大兔，下月就有多少对小兔；而当月的大兔数则是上月兔子总数，因为不管是大兔还是小兔，到下月都是大兔。根据这一结论又可知道，上月的大兔数是前月的兔子总数。所以，当月的兔子数等于上月的兔子数加上上月的大兔数，也就等于上月的兔子数加上前月的兔子数。

于是，不难写出开始、1 个月后、2 个月后……12 个月后的兔子对数：

$$1, 1, 2, 3, 5, 8, 13, 21, 34, 55, 89, 144, 233。$$

所以，本题的答案是 233 对。

这个数列叫"斐波那契数列"，1228 年由意大利数学家斐波那契首先提出。它的第 1 项、第 2 项为 1，从第 3 项起，每一项等于它的前两项之和，写成一般形式就是

$$F_{n+2} = F_n + F_{n+1} \ (n = 1, 2, \cdots)。$$

十分有意思的是，斐波那契数列的通项竟是一个这样的式子：

$$F_n = \frac{1}{\sqrt{5}}\left(\frac{1+\sqrt{5}}{2}\right)^n - \frac{1}{\sqrt{5}}\left(\frac{1-\sqrt{5}}{2}\right)^n。$$

很难想象，当 n 是自然数时，这个用无理数 $\sqrt{5}$ 表示的式子得到的数竟然都是正整数。

斐波那契数列的前后两项之比是 $F_n : F_{n+1}$，当 n 越来越大时，这个比值逼近于

$$\frac{\sqrt{5}-1}{2} = 0.618\cdots。$$

这是一个十分重要的无理数，它和黄金分割有关，也被应用于"优选法"中。

斐波那契数列的性质很多、很有趣。1963 年，美国出版了一本杂志《斐波那契季刊》，专门研究斐波那契数列的性质，可见它有多大的魅力。

"世界末日"何时到？

这个世界常常会出现关于"世界末日"的议论。早的就不说了，最近的一次议论发生在 2012 年。这个说法来源于美洲古代的玛雅人的历法。据说他们的历法将终结于 2012 年 12 月 21 日，并预言世界将在这一天毁灭。

早在 2009 年，描写 2012 年地球毁灭的电影《2012》就公映了，这加剧了部分人的恐慌心理。其实，根据出土的玛雅文献，玛雅人并不认为这一天将是历法的终结，也没有预言这一天是世界末日。这一天是玛雅人的历法中一个很长的周期的结束，同时也是新的周期的开始。

数学中也有一个和世界末日有关的故事。据传，印度有一座庙宇，庙宇里有 3 根柱子。第一根柱子上套着大小不等的 64 个圆环，小的圆环在大的圆环上面。要把 64 个圆环全部移到第三根柱子上去，在移动的过程中必须遵守以下规则：

第一，每次移动一个圆环；
第二，大圆环始终不许压在小圆环之上。

有人说，当 64 个圆环全部被移到第三根柱子上的时候，"世界末日"就来临了。庙宇里的僧侣为了摧毁这个在他们看来是"罪恶"的世界，夜以继日地轮流工作，一刻不停地移动着这些圆环。

这是趣味数学中颇有名气的"世界末日"问题。我们来算一下，将 64 个圆环全部移到第三根柱子上，一共要移动多少次？

为了找到规律，先看只有 3 个圆环的情形。需要 7 步方能把它们从第一根柱子移到第三根柱子上，其间少不了用第二根柱子作为过渡。具体过程见图 1 所示。我们不难知道，当圆环数 n 为 2 时，移动次数 a_n 是 3 次。当 $n = 4$ 时，$a_n = 15$。继续试验，当 $n = 5$ 时，$a_n = 31$。列出来，有：

$$n = 1, a_n = 1,$$
$$n = 2, a_n = 3,$$
$$n = 3, a_n = 7,$$
$$n = 4, a_n = 15,$$
$$n = 5, a_n = 31。$$

从中可不可以找出什么规律来？看来，直接找出 a_n 和 n 的规律是有困难的。

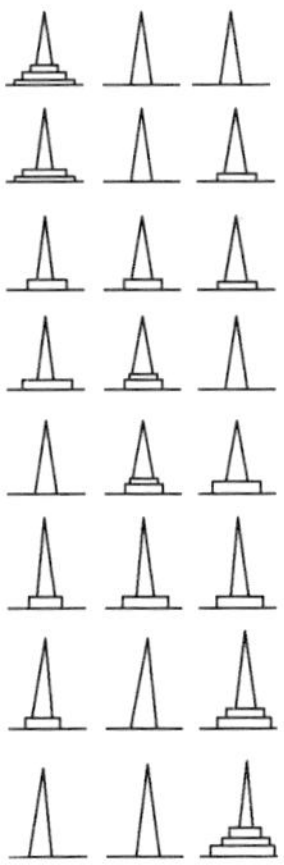

我们换一个角度来思考。譬如，当 $n = 3$ 时，整个问题可以分解为三大步。第一大步，把上面的两个圆环移到第二根柱子上；第二大步，把底下最大的圆环移到第三根柱子上；第三大步，再把第二根柱子上的两个圆环移到第三根柱子上来。在这三大步中，第二大步移动了一次，第一步、第三步各移动了两次，也就是移动两个圆环所需的次数。这样一来。可知

图 1

$$a_3 = 2a_2 + 1。$$

以此类推，如果有（$n+1$）个圆环，那么问题也可分解为三大步。第一大步，把上面的 n 个圆环移到第二根柱子上；第二大步，把最大的圆环移到第三根柱子上；第三大步，把第二根柱子上的 n 个圆环移到第三根柱子上。所以

$$a_{n+1} = 2a_n + 1。$$

这样一来，我们就找到了 a_n 与 a_{n+1} 的关系，但这并不等于我们已经知道了 a_{n+1}。不过找到了这个关系，余下的事就十分简单了。因为，算出 a_1，用这个关系就可以求出 a_2，知道了 a_2，就可以算出 a_3，继而算出 a_4, a_5, a_6, $\cdots$, a_{64}。这种关系叫递推关系。

那么，那些僧人将 64 片圆环全部移到第三根柱子上去，究竟一共要移动多少次呢？你可以呆板地根据递推公式算，也可以将它转化为通项公式 $a_n = 2^n - 1$。由此可算出

$$a_{64} = 2^{64} - 1。$$

这个 $2^{64} - 1$ 究竟有多大？按一下计算器，我们可以知道，

$$2^{64} - 1 \approx 1.8 \times 10^{19}。$$

也就是说，要将圆环移动 1.8×10^{19} 次，才能将 64 个圆环全部移到第三根柱子上。假定移动 1 次圆环要花费 1 秒，那么，移动这么多次圆环需要

$$(1.8 \times 10^{19}) \div 3600 \approx 5 \times 10^{15} （小时），$$

也就是

$$(5 \times 10^{15}) \div 24 \approx 2 \times 10^{14} （天），$$

$$(5 \times 10^{14}) \div 365 \approx 5 \times 10^{11} \text{（年）}，$$

这究竟是多长时间？5000 亿年！

　　现代科学认为，太阳系是在大约 46 亿年前形成的，太阳的能量还能够维持 100 亿到 150 亿年，比这个神话里的 5000 亿年少得多。

进进退退解开"九连环"

我国有着几千年的文明史，在这几千年里，有刊于古籍的名著名篇，也有在民间流传的"小玩意儿"。"九连环"就是一种属于后者的智力玩具。它的确切历史很难考证，据估计已经有 800 年的历史，在宋朝已经很流行了，并且在 16 世纪流传到国外。著名数学家卡尔达诺和瓦里斯都曾经提到过它。瓦里斯在刊行于 1686 年的著作《代数学》一书里介绍过九连环，称它为"中国环"。

九连环由九枚金属圆环相连，套在条形叉子上，图 1 是分开状态，图 2 是联结状态。玩九连环，就是要将状态 2 变为状态 1，也就是将叉子从连环套着的 9 个环里抽出来，这叫解九连环。将状态 1 变为状态 2，是对解九连环的逆转。

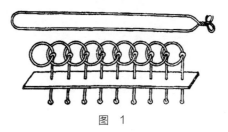

图　1

解九连环看起来简单，做起来困难。想要一步登天是不可能的，只有进进退退、反反复复，才能将叉子从 9 个环中慢慢地抽出来。

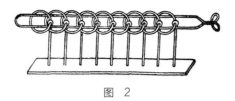

图 2

脱第一个环是很容易的。下图就是脱第一个环的过程。将图 3 里的叉子往右拉，也就是将第一个环往左拉，环就脱离叉子了。然后像图 4 那样，让脱离叉子的环从叉子中间的空槽里脱下。这样就形成了图 5 中显示的第一个环和叉子完全脱离的状态。将第一个环套上去，是对这个过程的逆转。

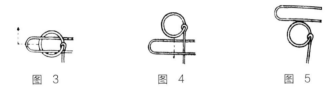

图 3   图 4   图 5

脱前两个环也不太难。图 6、图 7 就是脱前两个环的过程。将前两个环套上去，就是对这个过程的逆转。

图 6   图 7

脱前 3 个环就不那么容易了。从图 8 到图 11 就是整个过程：

第一步，脱第一环；

第二步不是急于脱第二环，而是先脱第三环；

第三步更古怪，重新穿上第一环。

有人不禁要问，怎么一会脱下它，一会又要穿上它，这是干什么？别着急，到第四步你就会明白。

第四步，把前两环脱下，当然这时前三环一齐被脱了下来。

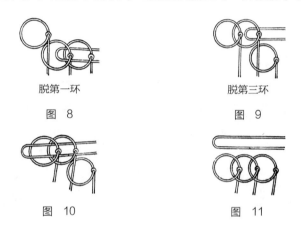

脱第一环

图 8

脱第三环

图 9

图 10

图 11

脱前三个环的步骤是很典型的。要想脱下前 n 环，也得分四步进行。

第一步，脱下前（$n-2$）环；

第二步，脱下第 n 环；

第三步，穿上前（$n-2$）环；

第四步，脱下前（$n-1$）环，这时，前 n 环全部被脱下了。

好了，按照这样进进退退的基本动作，你就可以一点点解开整个九连环了。

如果我们把穿上或者脱下一个环算作 1 步的话，那么，脱下第一个环的步数是 1。因为前两环也是被直接脱下的，所以脱下前两个环的步数是 2。但是在脱下前 3 个环时：

第一步，脱下前 1 环，计 1 步；

第二步，脱下第 3 环，计 1 步；

第三步，穿上前 1 环，计 1 步；

第四步，脱下前 2 环，计 2 步。

所以，总共是 1 + 1 + 1 + 2 = 5 步。一般地，在脱下前 n 个环时：

第一步，脱下前（$n-2$）环，计 a_{n-2} 步；

第二步，脱下第 n 环，计 1 步；

第三步，穿上前（$n-2$）环，计 a_{n-2} 步；

第四步，脱下前（$n-1$）环，计 a_{n-1} 步。

所以，脱下前 n 个环的步数 a_n 总共是

$$a_n = a_{n-2} + 1 + a_{n-2} + a_{n-1}$$
$$= a_{n-1} + 2a_{n-2} + 1。$$

这就是脱下九连环的前 n 环的步数应满足的递推公式。不难算出，这个数列的各项是

$$1, 2, 5, 10, 21, 42, 85, 170, 341, \cdots。$$

这个数列叫"九连环数列"，它的通项也可以求出来。我们只将它列在下面，就不介绍其推导过程了：

$$a_n = \frac{1}{6}[2^{n+2} - 3 + (-1)^{n+1}]。$$

天王星、谷神星和数列

1781 年之前，除了地球之外，人们只知道太阳系还有五大行星——金星、木星、水星、火星和土星。天文学家把地球和太阳的平均距离算作 10，计算出这几个行星和太阳的平均距离（表 1）。

表 1

	木星	金星	地球	火星	木星	土星
距离	3.87	7.32	10	15.24	52.03	95.39

这些数据似乎没有规律可言。1766 年，一位名叫提丢斯的数学教师却发现，这里面有规律。它们很接近数列

$$4 + 0, 4 + 3, 4 + 6, 4 + 12, 4 + 24, 4 + 48, 4 + 96 \qquad (1)$$

中的第 1、2、3、4、6、7 项（注意，没有第五项）。除了第一项外，这个数列的通项是

$$a_n = 4 + 3 \times 2^n \ (n = 0, 1, 2, \cdots, 5)。$$

此后，这项研究由德国天文学家波得仔细核对后发表，所以叫作"波得定律"（也称"提丢斯－波得定律"）。这虽然仅仅是一些数据的重新整理和排列，但还是引起了天文学家的极大关注。为什么呢？因为这个数列的第五项，即与太阳的平均距离是 4 + 24 = 28 的地方是个空缺，也就是说，没有一颗行星和太阳的平均距离是 28。那么，会不会这个地方有一颗行星，只不过没有被发现呢？

后来，在土星的外面，天文学家发现了天王星，它与太阳的平均距离是 192，和波得定律的预测很接近，即当 $n = 6$ 时，它与太阳的距离是 196。这样，数列(1)又多了一项，成为

$$4 + 0, 4 + 3, 4 + 6, 4 + 12, 4 + 24, 4 + 48, 4 + 96, 4 + 192。 \quad (2)$$

又一颗星的运行规律符合波得定律，这一点极大地增强了天文学家在与太阳的平均距离是 28 的这个地方寻找新星的决心和信心。可是，找啊找，20 年过去了，人们什么也没有找到。

我们把这事搁一搁，话分两头，说一件别的事儿。1801 年的新年晚上，天文学家皮亚齐在意大利西西里岛的天文台核对星图，偶然发现一颗 8 等星不符合星图。这颗星是什么星？它引起了这位天文学家的重视。第二天晚上，这颗星已经向西移动，皮亚齐开始以为它是一颗没有尾巴的彗星。他一连跟踪、观察它两个星期，最终累得病倒了。

虽然在病中，但是他一直惦念着这件事。他写信将观察结果告诉欧洲大陆的其他天文学家，要求他们在不同的地点继续观察。可惜因为战乱，他的信直到 1801 年 9 月才到其他人手中。这时，这颗在不知不觉中发现的星星已经不明不白地消失了，真是"来也匆匆，去也匆匆"。

这颗星在哪里呢？它的运行规律又是怎样的呢？

那时，年仅 24 岁的青年数学家高斯创立了一种数学方法，另一位天文学家冯·查赫根据高斯的方法制作了一个星表，预报了这颗星的位置。可惜，这一年的秋、冬两季一直阴雨连绵，无法

观察。直到 1802 年的新年前夜，天文学家在预报的位置上找到了这颗在人们的眼皮底下溜走了整整一年的星星。这颗星被定名为"谷神星"。

无巧不成书，经过观察和测定，谷神星和太阳的平均距离是 27.7。哈！它就是 20 年前天文学家孜孜以求的在数列(1)或(2)中 28 那个位置上的星星。真是"踏破铁鞋无觅处，得来全不费工夫"。

然而，事情还没有到此结束。虽然谷神星在预报的位置上，但是它的直径只有地球的 6%，木星的 0.55%，大小太不相称。后来，人们在这个位置附近陆续发现了许许多多的小行星，现在人们把这片区域叫作小行星带。

芝诺诡辩

芝诺是古希腊的一位哲学家，他曾提出四则诡辩题，把人们弄得稀里糊涂。其中一则叫"阿基里斯与乌龟赛跑"的诡辩最为著名。

假定阿基里斯（堪称希腊神话中的"神行太保"）的跑步速度是 10 千米每小时，而乌龟的速度是 1 千米每小时。如果开始时，阿基里斯位于 A 处，而乌龟在其前方 10 千米的 B 处，阿基里斯与乌龟同向而行，且同时出发，芝诺说："阿基里斯将永远追不上乌龟。"

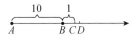

这当然是不正确的，因为我们知道，如果设阿基里斯追上乌龟要花 x 小时，那么可列出方程

$$10x - x = 10,\qquad(1)$$

解得

$$x = \frac{10}{9}\text{（小时）}。$$

阿基里斯只要 $\frac{10}{9}$ 小时就能追上乌龟。

可是，芝诺却有歪理十八条。他说，当阿基里斯从 A 点跑到 B 点时，原来在 B 处的龟早已跑到前面的 C 点（C 在 B 的前方 1 千米处）去了。当阿基里斯从 B 点追到 C 点处时，乌龟又跑到 C 前面的 D 点去了……于是，阿基里斯和乌龟之间总有一段距离，因此可以断言，阿基里斯永远追不上乌龟。

芝诺的说法明明是错的，但在当时很难被驳倒。即使到了今天，人们也要用到一些较高深的数学知识才能驳倒它。

阿基里斯追乌龟，一共花了多长时间？让我们分段来计算。

阿基里斯从 A 追到 B，花了 1 小时；从 B 追到 C，花了 $\frac{1}{10}$ 小时；从 C 追到 D，花了 $\frac{1}{100}$ 小时……可见，阿基里斯追乌龟的时间应是

$$1+\frac{1}{10}+\frac{1}{100}+\cdots。 \tag{2}$$

这是一个无穷等比数列求和的问题。首先，求出第 1 项到第 n 项的和：

$$S_n = \frac{1-\left(\dfrac{1}{10}\right)^n}{1-\dfrac{1}{10}}。$$

然后，求极限

$$\lim_{n \to \infty} S_n = \lim_{n \to \infty} \frac{1 - \left(\dfrac{1}{10}\right)^n}{1 - \dfrac{1}{10}}$$

$$= 1 - \frac{1}{10}$$

$$= \frac{10}{9}\text{。}$$

可见，经过 $\dfrac{10}{9}$ 小时之后，阿基里斯就会追上乌龟了。那么芝诺的错误究竟在哪里呢？原来，芝诺硬把追及的时间分割成无限个小段，并且利用了人们的一个错觉，以为无限小段时间的和一定是无限的。其实，在这个问题中，由于级数(2)是收敛的，无限小段时间的和恰恰是个有限值。

老题新解

你也许听说过一个古老的故事。一位老人在临终的时候，决定把他的财产——17 匹马分给他的三个儿子。老人规定，大儿子得总数的 $\frac{1}{2}$，二儿子得 $\frac{1}{3}$，小儿子得 $\frac{1}{9}$。三个儿子凑在一起算了一下，老大应得

$$17 \times \frac{1}{2} = 8\frac{1}{2} \text{（匹）}，$$

老二应得

$$17 \times \frac{1}{3} = 5\frac{2}{3} \text{（匹）}，$$

老三应得

$$17 \times \frac{1}{9} = 1\frac{8}{9} \text{（匹）}。$$

他们想，马怎么能有 $\frac{1}{2}$、$\frac{2}{3}$、$\frac{8}{9}$ 匹呢？正在为难之际，来了一位智者。智者听完了他们的倾诉，笑着说："这有何难！"三个儿子忙问良策。智者不慌不忙地下了马，并把自己的马放到马群中，说："现在有 18 匹马了。"总数的 $\frac{1}{2}$ 是

$$18 \times \frac{1}{2} = 9 \text{（匹）}，$$

老大高高兴兴地牵走了 9 匹马。总数的 $\frac{1}{3}$ 是

$$18 \times \frac{1}{3} = 6 \text{（匹）}，$$

老二也欢欢喜喜地牵走了 6 匹马。总数的 $\frac{1}{9}$ 是

$$18 \times \frac{1}{9} = 2 \text{（匹）}，$$

老三分得的马虽然少了些，但也没有异议。三人分掉的马，共

$$9 + 6 + 2 = 17 \text{（匹）}。$$

还余下一匹马，智者自己牵走了。

这个解法不能算常规意义下的数学解法。如果以后遇到除不尽的情况，你就自说自话从某个地方借个 1 或者 2，就除尽了，那老师非把你"剋"一顿不可。但是，这个解法所求得的结果可以说是有合理性的。为什么呢？我们来做如下分析。

刚才我们说过，按规定算，老大应得 $8\frac{1}{2}$（匹），老二应得 $5\frac{2}{3}$（匹），老三应得 $1\frac{8}{9}$（匹），其实，一共分掉了

$$8\frac{1}{2} + 5\frac{2}{3} + 1\frac{8}{9} = \frac{17 \times 17}{18} \text{（匹）}，$$

尚余下

$$17 - \frac{17 \times 17}{18} = \frac{17}{18} \text{（匹）}，$$

马没有分完。

假定将尚未分完的 $\frac{17}{18}$ 匹马仍按老人规定的比例分配，那么，老大又可分得

$$\frac{17}{18} \times \frac{1}{2} = \frac{17}{36} \text{（匹）}，$$

老二又可分得

$$\frac{17}{18} \times \frac{1}{3} = \frac{17}{54} \text{（匹）}，$$

老三又可分得

$$\frac{17}{18} \times \frac{1}{9} = \frac{17}{162} \text{（匹）}。$$

这样分了之后，仍余下了

$$\frac{17}{18} - \left(\frac{17}{18} \times \frac{1}{2} + \frac{17}{18} \times \frac{1}{3} + \frac{17}{18} \times \frac{1}{9} \right)$$
$$= \frac{17}{18} \times \frac{1}{18} \text{（匹）}。$$

将这 $\frac{17}{18} \times \frac{1}{18}$ 匹马继续分，你会发现还是没有分完，还余下

$$\frac{17}{18} \times \frac{1}{18} \times \frac{1}{18} \text{（匹）}。$$

再分、再分……似乎永远无法分完。

经过一次次的分配，三个儿子的所得部分却一点点累积起来了，他们各分到了多少匹马呢？我们来算一下。

先算老大。他第一次分得 $17 \times \frac{1}{2}$（匹），第二次分得 $17 \times \frac{1}{18} \times \frac{1}{2}$（匹），第三次分得 $17 \times \frac{1}{18} \times \frac{1}{18} \times \frac{1}{2}$（匹）……总计：

$$17 \times \frac{1}{2} + 17 \times \frac{1}{2} \times \frac{1}{18} + 17 \times \frac{1}{2} \times \frac{1}{18} \times \frac{1}{18} + \cdots$$
$$= 17 \times \frac{1}{2} \left(1 + \frac{1}{18} + \frac{1}{18^2} + \cdots \right)。$$

根据无穷递缩等比数列的求和公式，上式等于

$$17 \times \frac{1}{2} \times \frac{1}{1 - \frac{1}{18}} = 9 （匹）。$$

老二第一次分得 $17 \times \frac{1}{3}$（匹），第二次分得 $17 \times \frac{1}{18} \times \frac{1}{3}$（匹），第三次分得 $17 \times \frac{1}{18} \times \frac{1}{18} \times \frac{1}{3}$（匹）……总计：

$$17 \times \frac{1}{3} + 17 \times \frac{1}{3} \times \frac{1}{18} + 17 \times \frac{1}{3} \times \frac{1}{18} \times \frac{1}{18} + \cdots$$
$$= 17 \times \frac{1}{3} \left(1 + \frac{1}{18} + \frac{1}{18^2} + \cdots \right)$$
$$= 17 \times \frac{1}{3} \times \frac{1}{1 - \frac{1}{18}} = 6 （匹）。$$

老三第一次分得 $17\times\dfrac{1}{9}$（匹），第二次分得 $17\times\dfrac{1}{18}\times\dfrac{1}{9}$（匹），

第三次分得 $17\times\dfrac{1}{18}\times\dfrac{1}{18}\times\dfrac{1}{9}$（匹）……总计：

$$17\times\frac{1}{9}+17\times\frac{1}{18}\times\frac{1}{9}+17\times\frac{1}{18}\times\frac{1}{18}\times\frac{1}{9}+\cdots$$
$$=17\times\frac{1}{9}\left(1+\frac{1}{18}+\frac{1}{18^2}+\cdots\right)$$
$$=17\times\frac{1}{9}\times\frac{1}{1-\dfrac{1}{18}}=2\text{（匹）}。$$

你看，老大、老二、老三确实应得 9 匹、6 匹、2 匹马，和"借马"方法所得结果完全一致。

冯·诺伊曼的奇特除法

20 世纪最伟大的数学家之一、博弈论的创立者、电子计算机的奠基人冯·诺伊曼还是一位速算的天才。1944 年，美国的洛斯阿拉莫斯国家实验室正在研制原子弹，研制过程中常常会遇到大量的计算。实验室云集了优秀的学者，其中几位喜欢计算。当需要进行一项复杂的计算时，几位"计算迷"就会一跃而起，迅速行动起来。恩里科·费米喜欢用计算尺，理查德·费曼喜欢用机械计算机，而冯·诺伊曼则总是用心算。最后结果怎么样？冯·诺伊曼总是第一个算出来。这三位杰出学者的最终答数总是非常、非常接近，可见冯·诺伊曼心算本领之高强。

冯·诺伊曼在进行心算时常常用一些特殊技巧。譬如，他在用某个数除以 19, 29, 39, …, 99 时，就采用了一种特殊的方法。我们以 1÷19 为例来说明这个方法。为了对照，先做一个传统的除法：

$$
\begin{array}{r}
0.0526315789\cdots \\
19\overline{\smash{\big)}100} \\
\underline{95} \\
50 \\
\underline{38} \\
120 \\
\underline{114} \\
60 \\
\underline{57} \\
30 \\
\underline{19} \\
110 \\
\underline{95} \\
150 \\
\underline{133} \\
170 \\
\underline{152} \\
180 \\
\underline{171} \\
9\cdots
\end{array}
$$

冯·诺伊曼改算 $1\div 20$，即 $0.1\div 2$：

$$
\begin{array}{r}
0.05 \\
2\overline{\smash{\big)}0.10} \\
\underline{10} \\
0
\end{array}
\qquad (1)
$$

然后，对 $1\div 20$ 的直式做点修正：将商里的数字"5"抄在被除数后面，并继续做直式除法。如下：

$$
\begin{array}{r}
0.0\text{⑤}2 \\
2\overline{\smash{\big)}0.10\text{⑤}} \\
\underline{10} \\
5 \\
\underline{4} \\
1
\end{array}
\qquad (2)
$$

他继续进行修正：将商里的数字"2"抄在被除数后面，并继续做
直式除法……得下列的直式：

$$
\begin{array}{r}
0.052631578947\cdots \\
2\,\overline{\big)\ 0.1052631578947} \\
\underline{10} \\
5 \\
\underline{4} \\
12 \\
\underline{12} \\
6 \\
\underline{6} \\
3 \\
\underline{2} \\
11 \\
\underline{10} \\
15 \\
\underline{14} \\
17 \\
\underline{16} \\
18 \\
\underline{18} \\
9 \\
\underline{8} \\
14 \\
\underline{14} \\
\ddots
\end{array}
$$

所得的商和传统除法的结果一样。但是，以 2 作除数显然简便得
多。难怪冯·诺伊曼可以用心算算出来。

那么，这种心算法的理由何在？让我们来揭开这个谜底。

第(1)步试商所得的不完全商 0.05 是 $\dfrac{1}{20}$。

第(2)步试商是这样进行的：先将商里的数字"5"抄在被除数后面，由于退了一位，因此被除数里的这个"5"表示 0.005；然后将 0.005 除以 2，得不完全商"2"。刚才说过，0.05 就是 $\dfrac{1}{20}$，

0.005 就应该是 $\dfrac{1}{20}\div 10$；0.005 除以 2，就是 $\dfrac{1}{20}\div 10\div 2$，即 $\dfrac{1}{20^2}$。

所以，第(2)步除法所得的"2"，即 $\dfrac{1}{20^2}$ 是不完全商。

接着，应该有 $\dfrac{1}{20^3}$，$\dfrac{1}{20^4}$，…的不完全商。所以，冯·诺伊曼的除法是在做 $\dfrac{1}{20}$，$\dfrac{1}{20^2}$，$\dfrac{1}{20^3}$，…的累加。而

$$\frac{1}{20}+\frac{1}{20^2}+\frac{1}{20^3}+\cdots$$

是一个无穷递缩等比级数，它的和应等于

$$\frac{\dfrac{1}{20}}{1-\dfrac{1}{20}}=\frac{1}{19}。$$

到这里，这个令人感到奇怪的除法才真相大白了！

无穷带来的困惑

我曾经给一些参加进修的数学老师出过一个摸底测验题：

$$0.999...\underline{\qquad}$$

$$(A) \quad < 1 \quad (B) \quad = 1 \quad (C) \quad \approx 1$$

不少老师选了(A)或者(C)，其实，0.999...的的确确等于 1。

为什么数学老师也会犯这个错误呢？一方面说明，当年教师队伍的专业水平还不理想；另一方面说明，"无穷"这个概念闯进人的思维中，把人们搞得稀里糊涂、似是而非。就连大数学家欧拉和莱布尼茨也都在"无穷"问题上犯过错误。

譬如，18 世纪的数学家们对级数

$$1 - 1 + 1 - 1 + 1 - 1 + \cdots \tag{1}$$

产生过极大的争论。如果把它写成

$$(1 - 1) + (1 - 1) + (1 - 1) + \cdots$$
$$= 0 + 0 + 0 + \cdots$$
$$= 0。$$

但是，如果把它写作

$$1 - (1 - 1) - (1 - 1) - (1 - 1) - \cdots$$
$$= 1 - 0 - 0 - 0 - \cdots$$
$$= 1。$$

意大利有一位数学家叫格兰迪，他既是僧侣，又是比萨大学的教授，他得出了第三个结果。他在表达式

$$1 + x + x^2 + x^3 + \cdots = \frac{1}{1-x} \tag{2}$$

中，令 $x = -1$，得

$$1 - 1 + 1 - 1 + \cdots = \frac{1}{2}。$$

他说，这证明了"从'空无'可以创造出'万有'"。对于上面的结果，他解释道："设想一位父亲将 1 件珍宝传给两个孩子，每人轮流保管 1 年，所以每人得 $\frac{1}{2}$。"

大数学家欧拉的著作里也充满着混乱。对级数(1)，他的结论和格兰迪的一致，认为式(1)等于 $\frac{1}{2}$。从式(2)，欧拉令 $x = -2$，又得

$$1 - 2 + 2^2 - 2^3 + \cdots = \frac{1}{3}$$

这样的荒唐的结果。

其实，式(2)成立是有条件的，即 x 必须满足 $|x| < 1$。也就是说，必须是无穷"递缩"的等比数列，才可以用(2)求和。违背了这一要求，就会得出错误的结果。

现在回头来分析 0.999...的问题。0.999...可以看成

$$0.9 + 0.09 + 0.009 + \cdots$$

即首项为 0.9，公比为 0.1（它的绝对值小于 1）的等比数列的和，用公式求和，得

$$
\begin{aligned}
0.999... &= 0.9 + 0.09 + 0.009 + \cdots \\
&= \frac{a_1}{1-q} = \frac{0.9}{1-0.1} \\
&= 1 。
\end{aligned}
$$

所以，0.999...的的确确、不折不扣地等于 1，而不是小于 1 或者只是近似等于 1！那么为什么有不少人总误认为 0.999... < 1 呢？这是因为人们常把

$$0.999... \qquad (3)$$

和

$$\underbrace{0.999...9}_{n\text{个}} \qquad (4)$$

两个数混淆了。这两个数的表示式中都用了省略号。但式(3)表示无限小数，位数根本无法——表示出来；而式(4)表示有限小数，只是位数太多，人们不想将它——表示出来而已。式(4)的确是小于 1 的，但将两者混淆之后，人们以为式(3)也小于 1。所以，省略号的用法是大有讲究的。

第六篇

概率

科学傻子

在体育比赛中，人们常常用掷硬币的方法来决定谁先发球，你可能不知道，有时还用掷硬币来决定胜负呢！

在第十届世界乒乓球锦标赛上，有一场马拉松式的比赛，那是法国的削球手哈格纳尔和罗马尼亚的削球手奥拉道尼之间的一场比赛。两位削球手果然身手不凡，不管对方来球是高是低，是长是短，是左路还是右路，总能够稳稳地削回去。比赛从上午 10 点开始，起初，观众还对他们的球艺报以热烈的掌声，可是过一会儿就不行了。原来，他们的打法实在太单调，稳削、稳削，还是稳削！到下午 6 点，才打成 2：2，还要打一局决胜局。不只是观众受不了，裁判员也受不了了。乒乓球裁判员的头需要随着球的来回左右晃动，这样长时间地不停晃动，颈部也吃不消啊！怎么办呢？裁判员不得不下令，限在半小时内结束比赛。可是双方运动员并不理会，还是那样一股劲儿地稳削。半小时很快过去了，也就是说，时间到了下午 6 点半，裁判员断然决定，用掷硬币的办法来决定他们的胜负。

为什么可以用掷硬币的办法来决定谁先发球，甚至决定胜负呢？

尽管掷硬币究竟出现正面或反面是偶然的，但还是有规律的。一群"科学傻子"曾经做过大量的掷硬币实验。在 18 世纪，数学家蒲丰曾掷了 4040 次，结果正面出现了 2048 次，占投掷总次数的 50.69%。后来，卡尔·皮尔逊掷的次数更多，有一回，他掷了 12 000 次，正面出现 6019 次；又有一回，他掷了 24 000 次，正面

出现 12 012 次，正面出现的次数占总投掷次数的比例分别为 50.16%
和 50.05%。美国人维尼也做了 10 组投掷硬币的实验，每组掷 2000
次，一共掷了 20 000 次，得到的数据如表 1 所示。

表　1

	出现正面的次数	占总投掷次数的比例（%）
第一组	1010	50.50
第二组	1012	50.60
第三组	990	49.50
第四组	986	49.30
第五组	991	49.55
第六组	988	49.40
第七组	1004	50.20
第八组	1002	50.10
第九组	976	48.80
第十组	1018	50.90
总计	9977	49.89

　　以上资料表明，将一枚硬币掷好多次，正面朝上的次数约占
总投掷次数的 50%。如果你也有一股"傻"劲儿，可以试一下，
看一看正面朝上的次数究竟占总投掷次数的比例是多少。

　　这也说明，尽管在掷硬币之前，我们不能预言这一次将出现
什么结果，但是如果你打算将一枚硬币掷 10 000 次，那么我们就
可以"未卜先知"——"正面朝上"大约会出现 5000 次。

　　掷一枚硬币出现正面的可能性大约是 50%，这就是这一偶然
事件的规律！也正因为"出现正面"或"出现反面"这两个偶然
事件发生的机会是大致均等的，所以人们常用掷硬币的办法来决
定谁先发球，甚至用它来决定两个势均力敌、难分高下的竞赛对
手的胜负。

摸彩引起的风波

小明、小光和小龙是表兄弟。这三兄弟啊，可都是小足球迷！一次，"星星火炬"杯足球比赛将举行决赛，可是外公只给他们弄到一张入场券。该让谁去观看呢？三个人争了一通，互不相让，最后商定用摸彩的办法来决定人选。

他们裁了 3 张小纸片，在其中一张纸片上画了个五角星，另两张纸片空白，把 3 张纸片折叠以后都装进了小明的裤袋。

小光先摸，一下子摸到带星的纸片，小光高兴地说："我的运气就是好！"

站在一边的小龙干瞪着眼，突然，他若有所思地说："这不公平！"

"怎么会不公平呢？"

"就是不公平！你先摸，当然你上算！"小龙一边说，一边拉住小光，要重新摸彩。

小光、小明再三跟小龙解释，但小龙总是不服。请问读者，你能给小龙解释清楚吗？

为了把问题解释清楚，我们先来学习"树图"。什么是树图呢？还是从简单的例子说起吧！

掷一枚硬币有两种可能的情形。如果掷两枚硬币（或者将一

枚硬币掷两次）情况又怎样呢？首先要弄清总共有几个等可能的
基本事件。有人说有 3 个等可能的基本事件："两枚都正""两
枚都反"和"一正一反"。这就不对了！如果把两枚硬币编号为 1
号与 2 号，那么有下面 4 种等可能的基本事件。

1 号正面，2 号正面；

1 号正面，2 号反面；

1 号反面，2 号正面；

1 号反面，2 号反面。

为了防止因为疏忽遗漏某种结果，我们可以画出下面的像树
枝一样的图（图 1），这种图叫作树图。

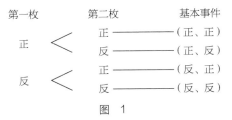

图 1

掷两枚硬币是一个复杂实验，因为它由两个小实验构成。我
们通过画树图可以弄清这种复杂的实验一共有几个等可能的结果
（基本事件），然后分别研究我们所关心的事件在结果中的占比，
算出概率来。

树图是解决复杂实验问题的重要手段。下面我们就用树图来
研究一下摸彩问题。

我们假定小光先摸，小明再摸，小龙最后摸。那么这个摸彩
活动可以被看成一个复杂实验，它由小光摸、小明摸、小龙摸

三个小实验构成。再将两张空白纸片编号，就可以画出如下的
树图（图 2）。

小光	小明	小龙	中彩者
五星纸片	空白纸片(1) ——	空白纸片(2)	小光
	空白纸片(2) ——	空白纸片(1)	小光
空白纸片(1)	五星纸片 ——	空白纸片(2)	小明
	空白纸片(2) ——	五星纸片	小龙
空白纸片(2)	五星纸片 ——	空白纸片(1)	小明
	空白纸片(1) ——	五星纸片	小龙

图 2

从图 2 中可以看出，一共有 6 个基本事件，其中"小光中彩"
占 2 个，"小明中彩"也占 2 个。尽管小龙最后摸，摸的时候只
剩一张纸片，没有选择的余地，但"小龙中彩"也占 2 个，所以
概率都是 $\frac{1}{3}$。最后摸的人并不吃亏！

误传了几百年的游戏规则

有一些游戏是带有偶然性的，比如抽扑克牌、掷骰子，我们将这种游戏叫作"机会游戏"。有些游戏就没有偶然性，比如下象棋、下围棋，这些游戏是以技巧高低决定胜负的。

在"机会游戏"里常常要比"大小"，而确定牌局"大小"的标准往往是这种牌局出现的概率大小。概率小的牌局（也就是难以出现的牌局）"大"于概率大的牌局（也就是容易出现的牌局）。比如，每人取 5 张扑克牌，"两对"比"一对""大"，就是因为"两对"这种牌局不易拿到手，而"一对"这种牌局较容易取到。

传统的"机会游戏"的牌局"大小"规则经过千百年的考验，一般来说是正确的。

但是，中国民间有一种掷骰子游戏，牌局的大小规则却有些问题。这种掷骰子游戏是这样的：一共有 6 颗骰子，一次掷出。你掷一次，我掷一次，然后比两人掷出的"牌局"谁大谁小。游戏规则规定，"两对"比"一对""大"。对于这个规则，你恐怕也不会提出异议。

但是，美国斯坦福大学教授钟开莱却发现了它的错误。根据他的计算，出现"两对"的概率是 0.3472，出现"一对"的概率却只是 0.2314。"两对"比"一对"更容易出现，理应"一对"比"两对""大"才对。可是几百年来，人们一直认为"两对"

比"一对""大"，钟开莱本人对此也十分吃惊，他甚至不敢相信自己的计算。为此，他把 6 颗骰子掷了 10 000 次加以验证，结果与计算相符，他这才敢把自己的发现写进著作中去。

如果你不信，你也可以试试。

"石头、剪刀、布"游戏

"石头、剪刀、布"是个古老的游戏，一代传一代，至今孩子们仍在玩。

这种游戏由两人或三人参加，每个参加者可以用手做出 3 种手势：石头、剪刀、布。规则是"石头"胜"剪刀"，"剪刀"胜"布"，"布"又可以胜"石头"。在游戏时，参加者同时做出某种手势，按规则判定胜负。通过游戏，大家可选出一个优胜者享受某项待遇，比如选某个小朋友参加某项活动；也可淘汰一个失败者，比如不让他参加某项活动。这种游戏有时可以一个回合决定胜负（或部分决定胜负），有时一个回合还不能决定胜负，这时就得进行第二个回合。

现在，让我们一起来想一想：如果有 2 个参加者，并假定每个参加者都是等可能地采取石头、剪刀、布三个策略的，那么一个回合不能决定胜负的概率是多少？

我们画出树图（图 1）。

孩子甲	孩子乙	基本事件	
	石头	（石，石）	不分胜负
石头	布	（石，布）	
	剪刀	（石，刀）	
	石头	（布，石）	
布	布	（布，布）	不分胜负
	剪刀	（布，刀）	
	石头	（刀，石）	
剪刀	布	（刀，布）	
	剪刀	（刀，刀）	不分胜负

图　1

从图 1 中可以看出，共有 9 个等可能的结果。其中 3 个，即（布，布）（石，石）（刀，刀）是不能决定胜负的，所以不分胜负的概率是 $\frac{3}{9}$，即 $\frac{1}{3}$。

如果有 3 个参加者甲、乙、丙，并且仍然假定每个参加者等可能地采取石头、剪刀和布三种策略，那么玩一个回合不能决定胜负的概率又是多少呢？注意，如果有 3 个参加者，那么最多只能部分决定胜负。

例如（石，石，布），说明孩子丙胜其余两个孩子，但其余两个孩子的名次还无法确定。

又如（石，石，刀），说明孩子丙败给其余两个孩子，但其余两个孩子的名次也无法确定。

有时，又根本不能决定胜负，如（布，布，布）或（布，石，刀）等。

先画出树图（图 2）。

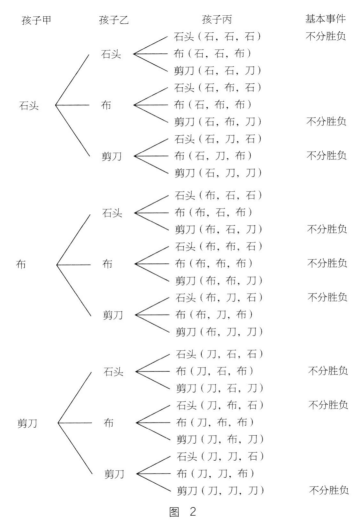

图　2

共有 27 个等可能的结果，"不分胜负"的结果有 9 个，所以不分胜负的概率仍是 $\frac{1}{3}$。

分赌本的争执

大约在 300 年前，欧洲的一个赌场里人声鼎沸，两个赌徒在大声争吵，一群人将他们团团围住。

事情是这样的：两个赌徒分别是一个中年汉子和一个老头，他们两人各出了 6 法郎作为一场赌博的赌本；双方约定，赌五局，谁先胜三局就算胜了全盘（即五局三胜），胜利者可以得到 12 法郎的全部赌本，也就是说，胜利者赢对方 6 法郎。

比赛一开始，老头先胜一局，但在第二、三局，中年汉子扳了过来。场上的比分是 2 : 1，中年汉子领先。正当中年汉子打算乘胜追击，夺取全盘胜利时，不料中年汉子的邻居大婶气喘吁吁地赶到赌场，拉住中年汉子的耳朵说："你老婆快生孩子了，你却还有心思赌博！还不给我回去！"

中年汉子天不怕地不怕，唯独见到这个大婶有点儿害怕。中年汉子无可奈何地把牌一摔，打算跟大婶回家。

老头眼看自己处于劣势，就顺水推舟地劝中年汉子回家。一场赌博终止。

两个人开始商量分赌本的事。老头觉得，比赛未按规定进行完毕，所以应该各自抽回 6 法郎的赌本。而中年汉子说："我胜二局，你胜一局，怎能平分秋色呢？"

双方争了起来，大吵大闹。中年汉子瞪着眼睛，老头的胡子翘得老高。大婶只是拉着中年汉子，叫他回家……

观众越围越多，场上议论纷纷。有的说，老头的话有理；有的说，中年汉子胜了二局，而老头只胜一局，中年汉子理应多分一点儿。

为了早点平息争吵，让中年汉子早点回家，大婶提出了一个方案。既然两人比了 3 局，那就把全部赌本 12 法郎分成 3 份，中年汉子胜了 2 局，应分得 3 份中的 2 份，即 8 法郎；老头只胜了 1 局，应分得 3 份中的一份，即 4 法郎。

大家觉得这个说法有道理，老头也表示同意，可中年汉子还是不答应，他喃喃地说："要是我再胜一局，这 12 法郎可全是我的啦！"

观众中有一个叫梅尔的人，只有他支持中年汉子，认为大婶的方案不公平。他说："倘若他们只比了两局，而中年汉子以 2∶0 暂时领先，按照那位大婶的意思，因为只比了 2 局，就应将全部赌本分成 2 份。又因为中年汉子胜了 2 局，他应分到其中的 2 份，实质上就是中年汉子独占！"

胜了 2 局就可以赢得全部赌本，这当然是说不过去的，连大婶听了也无言以对。

"中年汉子再胜 1 局，就可以取得全盘胜利。中年汉子取得全盘胜利的可能性很大，"梅尔接着说，"大婶的分配方案只考虑了过去几局的结果，而没有考虑到以后几局的胜负的可能性。"

大家觉得梅尔的话有理，于是请梅尔提出一个方案来。这可把梅尔难住了。中年汉子取得全盘胜利的可能性较大，老头取得全盘胜利的可能性较小，但两者的"可能性"究竟相差多少？他没法讲清楚。

后来，梅尔在一次旅行中遇到了一位叫帕斯卡的数学家，就向他请教。帕斯卡听了以后很感兴趣，足足考虑了两三年，才想出了一个独特的方案。他的分配方案和理由如下。

目前是中年汉子胜 2 局，老头胜 1 局。按照"五战三胜"的规则，还应进行两局比赛。后两局的比赛有多少种结果呢？画个树图（图 1）就能明白。

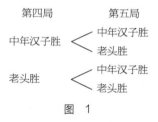

图　1

从树图中可看出，一共有 4 种结果，前三种结果是中年汉子取得全盘胜利，只有出现第四种结果时，才能说老头取得全盘胜利。假定这四个基本事件发生的可能性是相等的，那么，中年汉子取得全盘胜利的概率达到 $\frac{3}{4}$，而老头取胜的概率只有 $\frac{1}{4}$。因此，全部赌本的 $\frac{3}{4}$，即 $12 \times \frac{3}{4} = 9$ 法郎归中年汉子，而老头只应分到 $12 \times \frac{1}{4} = 3$ 法郎。

上面故事里的中年汉子、老头、大婶都是虚拟的人物，但是，梅尔、帕斯卡是数学史上真实的人物。帕斯卡是法国数学家、概率论的奠基人之一，除了"分赌本"问题之外，他还解决了许多概率问题。

2002 年，国际数学家大会在北京召开，国内媒体对此次会议进行了宣传。当年，数理经济学家史树中教授在一次电视节目里讲了分赌本的故事，并和在场的观众互动，问大家应该怎么分配比较合理。结果所有回答者都认为应该像大婶那样分配，可见概率知识的普及任重道远。

庄家为什么老是赢？

社会上，总有人无视政府关于"禁止赌博"的法律，偷偷地搞一些赌博活动。他们经常引诱一些人，特别是青少年参加赌博，坑害了不少人。所以，我们一定要认识到赌博的危害性、欺骗性，避免上当受骗。

赌博主要有两种：一种是"技能型"的，凭各人的"本领"取胜；另一种是"机会型"的，胜败完全靠"碰运气"。当然也有两种类型混合的，既要"碰运气"，又要凭"本领"来取胜。

"机会型"的赌博最容易引诱青少年上当受骗。因为，从它的表面看来，大家获胜的机会均等，有时形势甚至还有利于参加者，十分公道。但玩了几次以后，大家就会发觉，庄家总是赢得多，输得少，而自己则输多赢少。

原来，绝大多数"机会型"赌博实际上不是机会均等的，而总是有利于庄家的，不过这种不均等性比较隐蔽，不易为人所察觉。

下面我们来分析一个例子。这是一种在国外颇为盛行的赌博，叫作"碰运气游戏"。

"碰运气游戏"的规则是这样的：每个参加者每次先付赌金 1 元，然后将 3 个骰子一起掷出；一个人可以赌某一个点数，譬如赌"1"点。如果 3 颗骰子中出现一个"1"点，庄家除了返还赌金 1 元之外，再奖 1 元；如果 3 颗骰子中出现两个 "1" 点，庄家除了返还赌金 1 元之外，再奖 2 元；如果 3 颗骰子全掷出 "1" 点，那么，庄家除了返还赌金 1 元之外，再奖励 3 元。

参加赌博的人会想，如果只有 1 颗骰子，那么我赌 "1" 点，只有 $\frac{1}{6}$ 的可能取胜；如果有 2 颗骰子，就有 $\frac{1}{3}$ 的可能取胜；现在有 3 颗骰子，那我不就有 $\frac{1}{2}$ 的可能取胜吗？即使是 1 元对 1 元的奖励，机会也是均等的，何况现在是成 2 倍、3 倍的奖励，不是对参加者极为有利的吗？

其实，你的想法错了。我们先来算一下，一起掷 3 颗骰子会出现怎样的情况。

一起掷 3 颗骰子（我们把 3 颗骰子看成不一样的，譬如说，第一颗是红色的，第二颗是黄色的，第三颗是蓝色的），第一颗有 6 种可能，对于它的每一种结果，第二颗又有 6 种可能，第三颗又有 6 种可能，所以一共有 $6 \times 6 \times 6 = 216$ 种可能结果。

在这 216 种可能结果中，3 颗骰子点数各不相同的可能应有 $6 \times 5 \times 4 = 120$ 种。这是因为，第一颗骰子有 6 种可能；第二颗骰子的点数应与第一颗不同，只能有 5 种可能；同理，第三颗骰子只有 4 种可能。

3 颗骰子点数完全相同的可能只有 6 种，即 3 颗骰子都是 "1"，都是 "2"……都是 "6"。余下的是 3 颗骰子中有 2 颗点数相同，当然它有 $216 - 120 - 6 = 90$ 种可能。

接下去，我们来算一下庄家该赢还是该输。我们设想有 6 个人参加赌博，每人分别赌 1、2……6 点，并且假定这个游戏玩了 216 次。

那么，在这 216 次游戏中，大约有 120 次的结果是 3 颗骰子的点数都不相同。譬如说，其中某一次骰子掷出了 1、2、3，那么赌 4、5、6 的人败北，赌 1、2、3 的人为赢家。这时庄家要付给赢家每人 2 元（其中 1 元是庄家收进的赌金），共 2 元 × 3 = 6 元，120 次共计 6 元 × 120 = 720 元。

在这 216 次游戏中，大约有 90 次的结果是 2 颗骰子的点数相同。譬如说，其中某一次出现了 1、1、2，那么，赌 3、4、5、6 点的人败北，赌 2 点的人可得 2 元，赌 1 点的人可得 3 元（都包括赌金 1 元在内），庄家每次要付出 5 元，90 次共计 5 元 × 90 = 450 元。

在这 216 次游戏中，大约有 6 次的结果是 3 颗骰子的点数完全相同。譬如 3 颗骰子的点数都是 1，这时，赌 2、3、4、5、6 点的人败北，赌 1 点的人可得 4 元（包括 1 元赌金在内）。6 次共计 4 元 × 6 = 24 元。庄家一共付出

$$720 + 450 + 24 = 1194 （元）。$$

他每次可收进 6 元赌金，216 次共收赌金

$$6 × 216 = 1296 （元）。$$

庄家净赚 102 元，占总金额的

$$102 ÷ 1296 ≈ 7.9\%。$$

这是从庄家着眼进行的分析，从中可以看出，庄家有很大的把握取胜。庄家赢的钱是从哪里来的呢？当然是从参加者头上搜刮来的。但有的人可能还不大服气，从直觉上看，这对参加者不是很有利吗？这又是怎么回事呢？我们从参加者的角度也来分析一下。

假如一个参加者总是赌 1 点，他在 216 次中有几次能获奖呢？这有 3 种情况。

第一种，3 颗骰子中只有 1 颗出现 1 点。可能是第一颗骰子出现 1 点，也可能是第二颗、第三颗骰子出现 1 点，有这样 3 种可能；再考虑到其余 2 颗骰子都不会出现 1 点，有 5 × 5 = 25 种可能，所以共有 25 × 3 = 75 种可能。当这 75 种可能出现时，参加者每次可获 2 元，共 2 元 × 75 = 150 元。

第二种，3 颗骰子中有 2 颗出现 1 点。这可能是第一颗、第二颗骰子出现 1 点，也可能是第一颗、第三颗骰子出现 1 点，也可能是第二颗、第三颗骰子出现"1"点，有这样 3 种可能；再考虑到另一颗骰子只能出现 2、3、4、5、6 点，有 5 种可能，共有 15 种可能。这时，参加者每次可获 3 元，共 3 元 × 15 = 45 元。

第三种，3 颗骰子全出现 1 点，这时，参加者可获 4 元。这样，他共获

$$150 + 45 + 4 = 199（元）。$$

但在 216 次游戏中他总共付出 216 元，所以，一般来说，他要输

$$216 - 199 = 17（元）。$$

现在你信服了吗？在貌似公正的游戏背后，隐藏着庄家的骗人的鬼把戏！赌博不光让人输钱，它还极其严重地损害着人们的身心健康，如果沉沦下去，参加者甚至会走上犯罪的道路。千万不要参加赌博！

生日"巧合"

在美国的一次大选期间，两位朋友在一起叙谈，过程中谈到了生日问题。其中一人对数学略懂一二，他说，在以往的 36 届总统中，应该有生日相同的总统。另一人不信。后来他们查了查资料，发现不仅确有生日相同的前总统，还有逝世日相同的前总统：

波尔克和哈定都生于 11 月 2 日，波尔克生于 1795 年，而哈定生于 1865 年；

菲尔莫尔和塔夫脱都逝于 3 月 8 日，菲尔莫尔逝于 1874 年，而塔夫脱逝于 1930 年；

除此之外，亚当斯、杰斐逊和门罗三人也都逝于 7 月 4 日，前两位都是 1826 年去世的，后者逝于 1831 年。

关于生日问题，还有几个很有趣的故事。

有一次，美国数学家伯格米尼去观看世界杯足球赛，在看台上随意挑选了 22 名观众，叫他们报出自己的生日。结果竟然有两个人的生日是相同的，在场的球迷们都对此感到吃惊。

有一位数学家叫维弗，他也曾做过一次预测。一天，维弗与一群高级军官一起用餐。席间，大家天南地北地闲聊，话题慢慢地转到生日上来。维弗说："我们打个赌，我们之间至少有两人生日相同。"

"赌输了，罚酒三杯。"在场的军官们都很感兴趣。

"行！"

在场的各位军官把生日一一报出，结果没有生日巧合的人。

"快！你可得罚酒啊！"

维弗正打算认罚，一个女佣人突然在门口说："先生，我的生日正巧与那位将军的生日一样。"

大家傻了似的望着女佣人，维弗趁机赖掉了三杯罚酒。

一平年有 365 天，在一般人看来，两个人的生日都是 365 天中的某一天是很凑巧的事。其实，如果你班里有 50 个同学，那么其中至少有两人生日相同的概率达到 97.04%。即使你班里只有 40 人，至少有两人生日相同的概率也达到 89.12%。

为了解释其中的道理，我们先把问题转化一下。

我们设想有 365 个格子，上面分别贴上"1 月 1 日""1 月 2 日"等标签；再设想有若干个球，上面分别写上你班级里同学的姓名。把球一个一个随意地放进格子里去，如果写着 A 同学姓名的球落在标着"5 月 2 日"的格子里，就意味着 A 的生日是 5 月 2 日。如果写着 B 同学与 C 同学姓名的球同落在"7 月 18 日"这个格子里，就意味着 B 和 C 生日相同。因此，研究生日相同的概率，只需讨论其中至少有两个球落入同一格里的概率。

"至少有两个球落入同一格里"所包含的情况较复杂，它既包括"恰巧只有某两个球落入同一格里"，也包含"三个甚至更多的球落入同一格里"，也包含"这两个球落入这一格里，另外两个球落入另一格里"等情况。为此，我们从反面来考虑问题，只要除去"所有球都分别落入不同的格里"的情况，其余情况都属于"至少有两个球落入同一格里"，也就是说，除去"所有人生日不同"，其余的情况都是"至少有两个人生日相同"。总之，只要算出了"所有球都分别落入不同的格里"的概率（设为 p），那么，"至少有两个球落入同一格里"的概率就随手可得，为$(1-p)$。

由于有 365 个格子，这个问题的计算量太大，为此，我们再把问题简化一下。

假设现在只有 4 个格子，分别编为 1、2、3、4 号，有 3 只球，分别编为 A、B、C。在这种条件下，先来求"所有球都各自落入不同格子"的概率，进而求"至少有两个球落入同一格里"的概率。

还是用树图的方法，先放 A 球，有 4 种可能：放进 1 号格、2 号格、3 号格、4 号格；再放 B 球，又有 4 种可能；最后放 C 球，也有 4 种可能。可见，这张树图画出来挺占位置，它的最后分叉有 $4 \times 4 \times 4$ 个，即 64 种情况。

我们不去画这么复杂的树图，而是另画一个与我们研究的情况有关的树图，即"所有球都分别落入不同的格里"的树图（图 1）。容易看出，这个树图是上面提到的复杂树图的一部分。

先放 A 球，有 4 种可能：放进 1 号格、2 号格、3 号格、4 号格。如果 A 球被放进 1 号格，那么 B 球只能被放进 2 号格、3 号格、4 号格，不能再放进 1 号格，因为"所有球都分别落入不同的格里"。放 C 球时当然也要这样考虑。

这个树图如下。

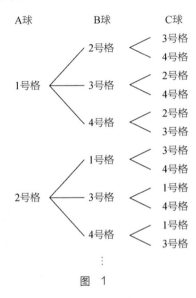

图　1

从图 1 可以看出，共有 $4 \times 3 \times 2$，即 24 个分叉。所以，在总共 64 种情况中，符合"所有球分别落入不同的格子"的情况有 24 种。"所有球都分别落入不同的格子"的概率为

$$p = \frac{4 \times 3 \times 2}{4 \times 4 \times 4} = \frac{3}{8} 。$$

进而可知，"至少有两个球落入同一格里"的概率是

$$1 - p = 1 - \frac{3}{8} = \frac{5}{8} 。$$

回到 365 个格子的复杂情况，并且假设球有 23 个，不难想象一共有

$$\underbrace{365\times365\times\cdots\times365}_{23\text{个}}$$

种情况，其中

$$365\times364\times363\times\cdots\times343$$

种情况是符合"所有球都分别落入不同的格里"的，所以"23 个球都落入不同格子"的概率是

$$p=\frac{365\times364\times363\times\cdots\times343}{365\times365\times\cdots\times365}=0.4927,$$

于是，"23 个球中至少有两个落入同一格里"的概率是

$$1-p=0.5073。$$

到这里，我们可以得出"23 个人中至少有两个人生日相同"的概率超过 50%的结论。人数越多，至少有两人生日相同的概率越大，这一点不难从上面的推导中分析出来。表 1 是当人数为 20 人、21 人……60 人时，至少有两人生日相同的概率。

表 1

n	p	n	p	n	p
20	0.4114	30	0.7063	40	0.8912
21	0.4437	31	0.7305	41	0.9032
22	0.4757	32	0.7533	42	0.9140
23	0.5073	33	0.7750	43	0.9239
24	0.5383	34	0.7953	44	0.9329
25	0.5687	35	0.8144	45	0.9410
26	0.5982	36	0.8322	46	0.9483
27	0.6269	37	0.8487	47	0.9548
28	0.6545	38	0.8641	48	0.9606
29	0.6810	39	0.8781	49	0.9658

（续）

n	p	n	p	n	p
50	0.9704	54	0.9839	58	0.9917
51	0.9744	55	0.9863	59	0.9930
52	0.9780	56	0.9883	60	0.9941
53	0.9811	57	0.9901		

所以说，生日"巧合"其实并非凑巧！

"谈癌"不要"色变"

　　为了做到癌症能被早期诊断、早期治疗，我国的医疗机构经常进行防癌普查。在每一次普查中，总会有些人的检查结果呈阳性，于是这些人就以为自己真的患了癌症，惊恐万分。

　　其实，每一种检验都有或大或小的误差。这误差又有两种情况：一种是没有病，检验结果却说有问题，即呈阳性，这是一种"扩大化"的误差；另一种是有病，却没有被查出来，即呈阴性，这是一种"缩小化"的误差。防癌普查中结果呈阳性的人，有可能真的患了癌症，也有可能由于"扩大化"误差，实际上并没有患癌症。相反，呈阴性的人也不能说肯定没患癌症，也有可能他原本是癌症患者，却未被查出来。

　　那么，发生这两种误差的可能性有多大呢？特别是发生扩大化误差的可能性有多大呢？　如果这种可能性比较大，那么检查结果呈阳性的人真的患癌症的可能性就较小，那就不必过于惊慌。

　　为了说清楚这种可能性的大小，我们先来看一个简单的例子。

　　甲、乙、丙三个车间生产同一种产品：甲车间生产了 500 只，其中次品率为 1%；乙车间生产 300 只，次品率为 2%；丙车间生产 200 只，次品率为 0.5%。求：

　　(1) 将这些产品混合以后的次品率；

　　(2) 在这批产品里抽到一只次品，这只次品出自哪个车间的可能性最大？

我们画一个长方形，并将它如图 1那样分成 3 部分，分别表示甲、乙、丙三个车间的产品。各车间生产的产品中都有一部分是次品，我们用阴影部分将次品表示出来。于是，我们进一步可得到图 2。

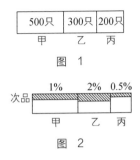

想求全部产品的次品率，只要求出全部次品数与总产量的比就可以了。由于次品总数是

$$500 \times 1\% + 300 \times 2\% + 200 \times 0.5\% = 12（只），$$

所以，总的次品率为

$$12 \div (500 + 300 + 200) = 1.2\%。$$

如果从这批产品中随意抽出一只，这只产品恰巧是次品，那么，这只次品出自哪个车间的可能性最大呢？

有的人不加仔细分析，就说次品出自乙车间的可能性最大，理由是乙车间的产品次品率达到 2%，而其余车间的次品率没有那么高。但这样判断的根据不对，因为这只次品出自哪个车间的可能性最大，并不取决于哪个车间的次品率最高，而是取决于哪个车间的次品最多，也就是说，这取决于在整个阴影部分面积里，哪个车间的阴影面积最大。我们已知道，这批产品中一共有 12 只次品，其中甲、乙、丙三个车间各有

$$甲：500 \times 1\% = 5（只），$$
$$乙：300 \times 2\% = 6（只），$$

丙：$200 \times 0.5\% = 1$（只）。

据此，我们才可下结论：这只次品出自乙车间的可能性最大，达到 50%；出自甲车间的可能性也不小，达 $\frac{5}{12}$；出自丙车间的可能性很小，只有 $\frac{1}{12}$。

掌握了上面的分析方法之后，我们再来研究防癌普查中结果呈阳性的人确实患病的可能性有多大，这样就不会有什么困难了。

以防肝癌普查为例，据估计，肝癌的发病率为 0.04%。假如某医疗机构使用某种方法检查肝癌，检查的可靠性是：确患肝癌者有 95% 能被查出（未查出的仅 5%），而原本没有患肝癌者有 90% 会被认为未患肝癌（有 10% 被"扩大化"）。总的来说，这种检验法的可靠性是不错的。现在有一人检查结果为阳性，他患肝癌的可能性有多大呢？

如图 3，我们仿照上面的例子，画一个长方形，并将它分成两部分，一部分代表未患肝癌者，另一部分代表患肝癌者。假设总数是 10 000 人，那么未患肝癌者大约有 9996 人，患肝癌者大约有 4 人。

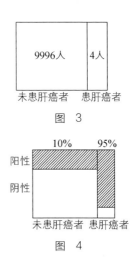

图　3

图　4

这两种人接受检查后，再将阳性反应者用阴影部分表示出来（图 4）。

假设现在发现一个阳性反应者，

他属于哪一种人的可能性较大呢？是属于未患肝癌者的可能性大，还是属于患肝癌者的可能性大呢？与前面的例子相类似，这不取决于这两种人中的阳性反应者的比例，而是取决于在所有阳性反应者中，哪一种人占多数，也就是在整个阴影部分面积中，哪一种人对应的阴影部分面积大一些。

我们知道，在 1 万名检查者中，呈阳性的人约有

$$9996 \times 10\% + 4 \times 95\%$$
$$= 999.6 + 3.8$$
$$= 1003.4（人）。$$

其中，未患肝癌而检查结果呈阳性的有 999.6 人，患肝癌而检查结果呈阳性的有 3.8 人。可见，在阳性反应者中患肝癌而检查结果呈阳性的可能性只有

$$3.8 \div 1003.4 \approx 0.38\%,$$

这个可能性是极小的。而未患肝癌，而检查结果呈阳性的可能性达到

$$999.6 \div 1003.4 \approx 99.62\%。$$

所以，在普查中呈阳性的人不必过于惊慌。尽管这种检查法是不错的，但是阳性反应者真的患病的可能性还是不大。当然，如果有人已经觉得有些不舒服，医生让他去做检查，那就是另一回事了。

上当的收藏者

以前，有些厂商为了推销商品，会在商品中附一张画片。比如，消费者打开刚买来的香烟的包装，就可以获得一张"香烟牌子"，也叫香烟画片，有的印有电影明星的照片，有的画有《水浒传》人物的像。人们常常有一种"收集"的欲望，特别是孩子，有了宋江和武松的画片，就想收集李逵、林冲、鲁智深的画片，进一步又想收集扈三娘、花荣……最后总想把"一百单八将"的画片收集齐全。这样，厂商就刺激了消费。现在，在不少家庭里，孩子往往是劝阻家长吸烟的主力军，可那时，孩子为了收集香烟画片，常常会催促家长去买烟。

有些厂商还进一步把一套不同的画片或奖券分装在各件商品中，规定收集到全套画片或奖券的消费者可以到指定商店领取奖品。这样一来，更激起了人们消费的热情。比如说，在我小时候，有一家生产润喉糖的工厂，它的产品是"RCA润喉止咳糖"。它生产的每一盒润喉糖里都夹放一张奖券，奖券共有8种，上面分别有8个不同的字：R、C、A、润、喉、止、咳、糖。

消费者在收集奖券时，很容易收集到前几种，越到后面越困难。但人们的心理状态往往是这样的：一共有8种奖券，我已收集到7种，眼看胜利在望，当然要继续收集下去。润喉糖对大多数中等水平的消费者来说，多吃一包，少吃一包，并没有多大关系。为了收集第8种奖券，他们就多吃几包，陷入欲罢不能的境地。更何况，生产者会有意控制某一两种奖券的投放数量，使集齐奖券更困难。

就算假设 8 种奖券是等量投放的，我们来算一下，收集 8 种不同的奖券，一般来说要买几包糖？获得第一张奖券最容易，买一包润喉糖就行了。

买第二包糖时，可能得到与第一包润喉糖相同的奖券，也可能得到与第一包润喉糖不同的奖券。因为一共有 8 种不同的奖券，所以在买第二包润喉糖时，得到的奖券恰巧与第一张奖券不重复的概率是 $\frac{7}{8}$。也就是说，一般地，买 8 次，大约有 7 次可得到第二种奖券，"平均"要买 $\frac{8}{7}$ 包润喉糖，才可望得到第二种奖券。

我们略去计算，用同样的方法，可知为获得第三种奖券，"平均"要买 $\frac{8}{6}$ 包润喉糖；为获得第四种奖券，"平均"要购买 $\frac{8}{5}$ 包润喉糖……最难收集的是第八种奖券，为了获得它，一般来说"平均"要购买 8 包润喉糖。所以，要集齐 8 种奖券，一般来说，"平均"要购买

$$1+\frac{8}{7}+\frac{8}{6}+\frac{8}{5}+\frac{8}{4}+\frac{8}{3}+\frac{8}{2}+\frac{8}{1} \approx 22 \text{（包）}。$$

请注意，为获得前四种奖券，只需购买

$$1+\frac{8}{7}+\frac{8}{6}+\frac{8}{5} \approx 5 \text{（包）}；$$

而为获得后四种奖券，却要购买

$$\frac{8}{4}+\frac{8}{3}+\frac{8}{2}+\frac{8}{1} \approx 17（包）。$$

可见，收集工作越到后期越难，难到出乎人们的预料的程度。

这还是只有 8 种奖券的情况。如果有一种香烟，里面夹放的是《红楼梦》人物"金陵十二钗"的画片，为集齐这 12 种画片，一般来说要购买几包香烟呢？答案是

$$1+\frac{12}{11}+\frac{12}{10}+\cdots+\frac{12}{1} \approx 37（包）。$$

如果夹放的是《水浒传》中"一百单八将"的画片，为集齐 108 种画片，一般来说竟要购买

$$1+\frac{108}{107}+\frac{108}{106}+\cdots+\frac{108}{1} \approx 570（包）！$$

孙大圣点兵

话说，孙悟空弃了弼马温的官位，从天宫回到花果山，树起了齐天大圣的旗帜，天天练兵，准备与玉皇大帝派来的天兵天将决一死战。

"立正！"大圣向小猴兵们发出号令。

"嘻嘻，什么'立正'？"这些小猴子仍在叽叽喳喳，东蹦西跳。有话说："猴子屁股坐不住。"其实，"猴子双腿也立不正"。

"重来一遍。立正——报数！"

"嘻嘻，报什么数？"

······

大圣面对着这群小猴兵，心中有点儿不快。训练了几天，立正、稍息、报数，样样都不成。

"我连究竟有多少猴兵也弄不清，这可怎么办呢？"大圣束手无策了。

"这好办。"大圣的参谋长在一旁说。

"你有什么好主意？"

"立正、报数这一套在花果山上行不通，大圣，您干脆把这些猴兵放了吧！"

"集合起来还东溜西窜的，放了还数得清数目？"

"放假三天，一定能数清。"

"你别说胡话了！"大圣不悦地说。

参谋长在大圣耳边轻轻说了一番，大圣喜得拍手叫好："参谋长，真有你的！"

原来，参谋长有他的妙计。

第二天，大圣和参谋长在小猴兵中随意拉了 100 只猴子，将这些猴子头上的毛剃去一片，然后叫他们归队。大圣向众小猴兵宣布："这些日子的训练很有成效，因此本大圣决定放假三天。"大圣的话音未落，小猴兵们早已跑得无影无踪了。

第三天，大圣和参谋长派了担任警卫的士兵到前山、后山上捕捉小猴兵，一会儿，警卫捕来了 200 只小猴兵。大圣上前一检查，发现其中 4 只是"头上无毛"的。

"在 200 只猴兵中，有 4 只是头上无毛的，说明在山里随意抓 1 只猴兵恰巧抓到'头上无毛'的猴兵的概率是 $\frac{4}{200}$，即 $\frac{1}{50}$。而现在一共有 100 只猴兵是'头上无毛'的，所以，大约一共有 5000 只猴兵。"

"我手下有雄兵半万！"大圣哈哈大笑，"参谋长，你这个办法真妙！"

不过，这里要提请读者注意，虽然"头上无毛"的猴子和其他猴子混合在一起，但它们不是绝对均匀地分布在山里的。因此，随意捕 200 只猴子，"头上无毛"的猴子不一定总是 4 只。如果"头上无毛"的猴子是 5 只或 3 只，那么随之估计的猴兵总数也就不是 5000 只了。这种方法仅仅是个估计。这个估计的结果可能会与事实有出入，而且有时还可能有很大的出入。这说明，用局部调查得到的资料来估计整体的情况，有可能会做出错误的判断。但是，只要有相当数量的调查数据，调查方法又是正确的，"估计数与事实有较大出入"的可能性（也就是概率）是很小的。所以，这种估计还是很有价值的。

恺撒的密码

在第二次世界大战中，日本空军偷袭美国军港——珍珠港，给美国造成了巨大的损失。其实，美国情报机构事先已经从日军用的密码中看到了一些迹象，并向上级部门做了报告。但是，由于美国领导人被日本当局散布的"和平烟幕"蒙住了眼睛，不相信情报部门的分析，因而被日军偷袭成功。

在这之后，美国情报部门加紧对日军密码进行研究，终于彻底弄清了其中的奥秘。后来，美国根据破译的密码，得知日本联合舰队司令山本五十六出巡，于是袭击了他的座机，山本五十六因此丧生。

密码是通信用的一种暗号，在战争期间，它太重要了。在现代社会，不仅军事领域要应用密码，科技、商业等领域也都要使用它。

五言诗成了密码

密码的编制方法很多，我国古代有一种奇特的密码编制方法。

我国古代战争时，前方和后方需要联络，怎么办？那时可以用飞鸽传书等方法，也可以用密码。

军事专家总结出 40 种常用的军事用语，并给它们编号，如：1 代表请给粮草，2 代表请给刀箭……34 代表被围困，35 代表大捷，36 代表将士投降……这样，40 种军事用语就被转化为数字密码了。然后，以上这些短语被写入一本专用的密码本中——这就是"密电码"。在《红灯记》里，李玉和一家人不惜牺牲生命，就是为了保护这样的密码本。当将军率师出征时，上级就会把密码本交给他。

譬如，先锋大将想向元帅汇报："我们被围困了！"急死人了，怎么办？先锋大将只有想办法，无论是派人送信还是飞鸽传书，只要能把密码"34"传送出去就行了。

但是，密码本被敌人破译了，派出的交通员或放飞的信鸽又被敌人截获了——这下麻烦大了。怎么办？在这个基础上再次加密。古人很聪明哦！

著名科普作家谈祥伯教授的著作中介绍了我国古代的一种特有的加密方法。先锋大将和元帅事先约定，譬如用某一首常见的五言诗作为解密的密钥。这首诗不能有重复的字眼，例如，

送杜少府之任蜀州

王勃

城阙辅三秦，风烟望五津。

与君离别意，同是宦游人。

海内存知己，天涯若比邻。

无为在歧路，儿女共沾巾。

这首五言律诗正好有 40 个字，而且没有重复的字。选这样的诗，也是要费一番周折的。然后，让每个字和 1 到 40 这 40 个数一一对应，这样一来，密码 34 再次加密为"歧"（第 34 个字），也就是说，飞鸽身上的纸条上不写"34"，而写"歧"。敌方即

使截获了鸽子，看到的也是"歧"。"歧"？什么意思？敌人就弄不清什么意思了。而我方得到"歧"这一情报后，再一查这首诗，立马就知道意思了。聪明、"有料"，佩服！

恺撒编码

我们在这里谈一种替换编码法。古罗马的恺撒就已经用过这种编码法了。

比如，将英语字母 a 换成 b，b 换成 c，c 换成 d……y 换成 z，z 再换成 a，这就是一种替换编码。这样一来，词"book"就换成了"cppl"。局外人看到"cppl"，当然会感到莫名其妙；但因为自己人知道其中的奥秘，所以无须花很大的力气便可译出。

怎样破译这种密码呢？也就是说，怎样才能揭开编制密码的奥秘，从而读懂它所表达的意思呢？情报专家们用上了概率这个工具。

他们首先通过大量调查，计算出各字母在词句中出现的频率。表 1 就是一张字母在英语中出现的频率表。

表 1

字母	出现频率	字母	出现频率	字母	出现频率	字母	出现频率
a	8%	h	6%	o	8%	v	1%
b	1%	i	7%	p	2%	w	2%
c	3%	j	0.1%	q	0.1%	x	0.2%
d	4%	k	0.8%	r	6%	y	2%
e	13%	l	4%	s	6%	z	0.1%
f	2%	m	2%	t	9%		
g	2%	n	7%	u	3%		

从这张表中可以看出，在一篇共有 10 000 个字母的英语文章中，字母 a 大概出现 800 次，字母 b 大概出现 100 次……

情报专家拿到一份用替换编码法编制的情报时，可以先算出情报中各个字母出现的频率。如果 z 出现的频率是 8%，这就十分不正常了，因为在通常情况下，z 出现的频率只有约 0.1%。这个 z 可能是 a 或 o 的替身，当然也有可能是 i 或 t 的替身……这样逐步分析下去，就有可能破译这份情报。

当然，如果不是用这种方法编制的情报，这种分析方法就无效了。

顺便说一说，统计出来的各字母出现的频率，在工业上也是很有价值的。例如，在计算机排版出现之前，人们是用铅字排版的，那么，印刷厂里各种英文字母的铅字究竟应准备多少呢？当然不必平均对待。像 e、a、o、t、i 等常用字母的铅字就要多备些，而像 z、x、j 等不常用的字母的铅字就可以少备一些。总之，应该按出现频率成比例地准备铅字。

再有，英文打字机及微型计算机的键盘上的各字母键应怎样排列呢？e、a、i 等常用字母键通常被安排在食指、中指容易触及的地方，z、x 等不常用字母当然只能被安排在角落里，让小指、无名指去击打了。

今天，由于计算机和互联网飞速发展，密码不仅是国防的需求，同样也是金融领域的迫切需求。因此，网络安全问题和密码的重要性非常突出。密码的编制和破译成为很多数学家的研究方向。

　　值得高兴的是，我国数学家在这方面成果累累。特别值得指出的是，我国的密码学家在 2004 年和 2005 年先后破解了被广泛应用于计算机安全系统的 MD5 和 SHA-1 两大密码算法，让全球密码界大吃一惊。

赌城蒙特卡罗和圆周率

用实验统计的方法也可以求 π，这可是一个别具一格的方法。

蒲丰实验

将一张纸平摊在桌上，在纸上画一组平行线，它们之间相距 2 厘米。另外准备一根 1 厘米长的针。将针随意地抛在纸上，那么，有两个可能发生的结果：针与某直线相交，或者针与任一直线都不相交。

显然，这两种结果不是等可能的，所以，我们只能用实验的办法来求"针与某直线相交"的概率（频率）。数学家蒲丰将针投掷了 5000 次，有 1582 次与某直线相交。所以，"针与某直线相交"的概率（频率）约是

$$p \approx \frac{1582}{5000} = 0.3164。$$

有的读者会问："这个实验以及这个事件的概率与圆周率 π 又有什么关系呢？"

有趣的是，圆周率 π 与这个偶然事件的概率有十分密切的关系。这个关系可表示成：$p = \dfrac{1}{\pi}$，即圆周率 π 与刚才求出的投针实验中"针与某直线相交"的概率互为倒数。

蒲丰用这个关系式算出了圆周率的近似值：

$$\pi = \frac{1}{p} \approx \frac{5000}{1582} \approx 3.1606。$$

后来，瑞士天文学家沃尔夫用这个关系式，也将针投掷了 5000 次，得到 π 的近似值是 3.1596。再到 1901 年，一个叫拉泽里尼的人也做了这个实验。他投针 3408 次，求得 π 的近似值是 3.141 592 9。这个值是相当精确的！

为什么 $p = \frac{1}{\pi}$ 呢？这个关系式的严格证明要用到高等数学知识，我们只对它做一个通俗的解释。

首先，我们可以认为，针越长，与平行线相交的可能性越大，也就是说，针与平行线的交点数目与针长成正比。设想有 2 根针，一根针长 1 厘米，另一根针长 2π 厘米，它们与平行线的交点数之比等于它们的长度比，即

$$\frac{1\text{厘米长的针与平行线可能相交的交点数}}{2\pi\text{厘米长的针与平行线可能相交的交点数}} = \frac{1}{2\pi}。$$

其次，我们发现，如果把一根针弄弯（但是不改变它的长度），这不会改变它与这些平行线相交的交点数。粗看起来，弯针与平行线相交的可能性要小一些，弯针与平行线不相交的可能性大一些。但当它与平行线相交的时候，有时会有 2 个交点，甚至有 3 个、4 个交点。考虑到这一因素，我们有理由认为，针的形状不会影响针与这些平行线的交点数。

将刚才说的 2π 厘米长的针弯成一个圆圈。因为这个圆的周长是 2π 厘米，所以其直径必是 2 厘米。这个圆圈与平行线可能相交的交点数并不因针弯曲而减少。这样一来，有

$$\frac{1厘米长的针与平行线可能相交的交点数}{直径为2厘米的圆圈与平行线可能相交的交点数}=\frac{1}{2\pi}。$$

最后，将上式左端的分子、分母同除以投掷次数（譬如 5000），它的值不变，所以，

$$\frac{\dfrac{1厘米长的针与平行线可能相交的交点数}{投掷次数}}{\dfrac{直径为2厘米的圆圈与平行线可能相交的交点数}{投掷次数}}=\frac{1}{2\pi}。$$

将直径为 2 厘米的圆圈投在这张纸上，不管落在什么位置，它与平行线总有两个交点，所以上面那个分式的分母为 2，而分子就是偶然事件"针与平行线相交"的概率 p，于是

$$\frac{p}{2}=\frac{1}{2\pi},$$

即

$$p=\frac{1}{\pi}。$$

投针与 π 完全是**两码事**，可两者竟又如此难分难解。世界上的事情实在是太奇妙了！今天，科学家常常用与投针实验类似的方法，也就是实验统计的方法来求某些常数的值，这个方法叫作"蒙特卡罗法"。蒙特卡罗可不是哪一位科学家的名字，而是摩纳哥的一个著名赌场的名字。

抛珠实验

其实，用抛珠代替抛针，也可以求得圆周率。

取一块边长为 20 的正方形板，在板上画一个内切圆，它的半径当然是 10。现在，设想往板上抛珠，一部分珠落在圆内，一部分珠落在圆外。我们可以认为，珠落在圆内的概率与圆和正方形的面积有关。我们还可以进一步认为，它等于圆的面积与正方形的面积之比。

如果我们抛了 800 颗珠，其中有 620 颗珠落在圆内，其余的珠落在圆外，那么

$$\frac{620}{800} = \frac{S_{圆}}{S_{正方形}} = \frac{\pi \cdot 10^2}{20^2} ,$$
$$\pi = 3.10 。$$

我们可以改进抛珠求圆周率 π 的具体操作，使它更简便易行。先把前述的正方形切成 4 块，我们取其中的一块（图 1）。我们可以认为在原先的大正方形上抛珠与在这块小正方形上抛珠所得的概率是相同的。

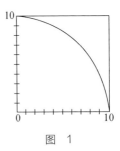

图　1

接着，再改进一下。一颗珠落在板上，总对应着一对数（坐标），随机抛出一颗珠，我们可以认为这相当于随机取一对数（方便起见，取一对整数）。而取一对整数可以用摸彩等方式决定，也可以在功能较完善的电子计算器上显示出随机数，或者使用随机数表。

如果第一个随机数是 12，相当于抛了一颗珠，珠的位置是(1, 2)，因为

$$1^2 + 2^2 < 10^2,$$

所以，它在图 1 中的直角扇形内。

如果第二个随机数是 67，相当于抛了一颗位于(6, 7)的珠。因为

$$6^2 + 7^2 < 10^2,$$

所以，它也在直角扇形内。

以此类推，这样一一检验，完全免除了制作装置和抛珠，只用取随机数和计算，就完成了抛珠法求圆周率 π 的全过程。日本就曾有人用这一方法"抛珠"400 颗，落在直角扇形内的珠有 332 颗，于是他算得 $\pi = 3.32$。

在用概率方法计算 π 的值方面，还应该提到一种方法。1904 年，有个叫 R. 查特的人发现，随意写出两个整数，它们互质的概率是 $\dfrac{6}{\pi^2}$。我曾查了 112 对整数，其中互质的数有 75 对，占 66.96%，于是算出

$$\pi^2 = 8.96,$$
$$\pi \approx 2.99。$$

误差很大，或许是我选取的数太少的缘故吧！

几何概率悖论

前面讲到的抛珠求圆周率 π 用到了几何概率。所谓几何概率就是利用面积求概率：如果将珠子抛进图形 G 里，而图形 G_1 是 G 的一部分，那么，珠子落在 G_1 里的概率等于

$$P = \frac{S_{G_1}}{S_G} 。$$

这种求概率的方法直观、易懂，但是，殊不知这种方法有时会引出是非难分的悖论。请看下面的著名例子。

我们知道，圆内接正三角形的边长等于 $\sqrt{3}R$。现在，在圆里任意画一条弦，当然，它的长度可能大于 $\sqrt{3}R$，也可能等于 $\sqrt{3}R$，或小于 $\sqrt{3}R$。问：它的长度大于 $\sqrt{3}R$ 的概率是多少？

第一种求法是这样的：我们容易知道，圆内接正三角形 XYZ 的任一边（譬如 XY）的弦心距（OC）等于 $\frac{1}{2}R$，那么，如果所画的弦的弦心距小于 $\frac{1}{2}R$ 的话，那么它的长度就大于 XY。譬如图 1 中的弦 MN，它的弦心距 $OK < OC$，所以 $MN > XY$。显然，K 在 CC' 上（C' 是 OZ 的中点），相应的弦 MN 就大于 XY。由于 $CC' = \frac{1}{2}$ AZ，因此任意画一条弦，它的长度大于

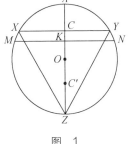

图 1

圆内接正三角形边长的概率等于 $\dfrac{1}{2}$。

第二种求法是这样的，如图 2，画 $\triangle XYZ$ 的内切圆，易知这个小圆面积是大圆面积的 $\dfrac{1}{4}$。任画弦 MN，如果它的中点 K 落在小圆内的话，那么 $MN > XY$；如果 K 落在小圆外的话，那么 $MN < XY$。所以，任画一弦，它的长度大于圆内接三角形边长的概率，就是 K 点落在小圆内的概率，即 $\dfrac{1}{4}$。

再看第三种求法。如图 3，过 $\triangle XYZ$ 的顶点 Z，引弦。显然，若这条弦 ZA 穿过 $\triangle XYZ$，那么 $ZA>XY$；若这条弦 ZA' 没有穿过 $\triangle XYZ$，那么 $ZA' < XY$。

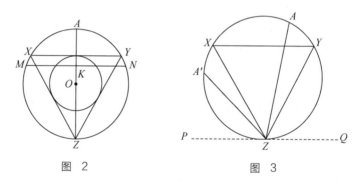

图 2　　　　　　　图 3

设 PQ 是过 Z 的切线，如果过 Z 所引的弦在 $\angle XZY$ 的内部范围里，则该弦就大于 XY；如果所引的弦在 $\angle PZX$ 或 $\angle QZY$ 的内部，则该弦就小于 XY。而 $\angle XZY$ 占了 $\angle PZQ$ 的 $\dfrac{1}{3}$，所以所求概率等于 $\dfrac{1}{3}$。

这三种求法很经典，在早期出版的概率论著作中都可以找到。在《数学娱乐问题》（J. A. H. 亨特、J. S. 玛达其著，张远南、张昶译）一书中，作者提出了第四种求法。

如图 4，当从 Z 所引的弦 ZA 落在阴影部分里时，$ZA > XY$；当从 Z 所引的弦 ZA' 落在阴影部分之外时，$ZA' < XY$。而阴影部分面积由 $S_{\triangle XYZ}$ 和弓形 XnY 的面积组成，我们可以算出阴影部分面积大约等于圆面积的 $\dfrac{14}{23}$。所以，所画的弦大于圆内接正三角形边长的概率是 $\dfrac{14}{23}$。

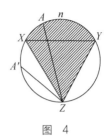

图　4

四种求法得出四种结果：$\dfrac{1}{2}$、$\dfrac{1}{4}$、$\dfrac{1}{3}$、$\dfrac{14}{23}$，看来这四种求法都有道理。这是怎么回事呢？这就是我在本文开头提到的悖论。

高智商的猪

猪圈里面有一大一小两只猪，这个经过特殊设计的猪圈很长，东头有一个踏板，西头有饲料的出口和食槽。如果一只猪在东头踩一下踏板，猪圈西头的饲料出口就会落下少量食物。

这时候，如果有一只猪在东头踩踏板，那么另一只猪就有机会抢先吃到西头落下的食物。但是，因为两只猪一大一小，所以情况还很是微妙的。

假如小猪在东头踩动踏板，那么小猪踩完踏板之后当然会飞快地转身往西跑，而这时，大猪（大猪当然是强者）会抢在小猪之前，跑到西头的食槽，刚好吃光所有食物——可怜的小猪啊！

假如大猪在东头踩动了踏板，那么小猪就能在西头坐享其成。但小猪毕竟是小猪，吃不多，吃不快。这时候，大猪完全有可能在小猪吃完饲料之前跑到西头的食槽，争到一些残羹剩饭。

如果你是其中一只猪，那么，你会采取什么策略？

令人出乎意料的是，如果两只猪都有高智商，那么正确的答案居然是：小猪选择等待，大猪去按按钮。如果"你"这只小猪智商颇高，就应该选择"搭便车"策略——虽然吃得少一点儿，但毕竟不花多少力气。如果两只猪都只想搭便车，那就没有车可以搭了，所以，大猪必须去踩踏东头的踏板，并飞奔到西头抢食物。这样，博弈就达到了一定的均衡。这个故事也叫"智猪博弈"，是"纳什均衡"理论的一个例子。该理论是由博弈论专家约翰·纳什在 1950 年提出的。"智猪博弈"对中小企业的经营策略尤其有指导意义。有些中小企业在起步阶段时相当于"小猪"，只能依靠模仿大型企业的经营模式和产品特点，勉强沾一点儿光；但是，如果中小企业不奋发自强，长期依赖甚至抄袭别人，那就很难有发展。

1958 年，纳什刚取得终身教授的职位，就被确诊为精神分裂症。经过他的妻子悉心照料，纳什慢慢地康复了，他们的故事后来被拍成电影《美丽心灵》。

章鱼保罗与小概率事件

2010 年的世界杯足球赛在南非举行。这次比赛爆出了一个冷门，从没得过冠军的西班牙队一举夺冠。与西班牙队首次获得冠军同样引起轰动的，还有一条章鱼，它名叫保罗。

这条章鱼生活在德国的一家水族馆里。在比赛期间，水族馆的工作人员把保罗喜爱的食物分别放进印着两支队伍对应的国旗的玻璃缸，让保罗去选择，它吃掉哪个缸里的食物，就算作它预测哪支队伍会取得胜利。这条章鱼预测比赛的胜负竟然达到 8 猜 8 中、无一失误的结果，确实让人惊叹。当时，保罗引起了轰动，人们将它奉为"神章鱼"。

它预测的具体情况如下。

- 小组赛首战预测德国胜澳大利亚，结果：德国 4 : 0 胜。
- 小组赛次战预测德国负塞尔维亚，结果：德国 0 : 1 负。
- 小组赛末战预测德国胜加纳，结果：德国 1 : 0 胜。
- 1/8 决赛预测德国胜英格兰，结果：德国 4 : 1 胜。
- 1/4 决赛预测德国胜阿根廷，结果：德国 4 : 0 胜。
- 半决赛预测德国负西班牙，结果：德国 0 : 1 负。
- 三、四名决赛预测德国胜乌拉圭，结果：德国 3 : 2 顺利卫冕季军。
- 决赛预测西班牙胜荷兰（这是章鱼保罗第一次预测德国未参加的比赛），结果：西班牙 1 : 0 胜荷兰，夺得世界杯冠军。

据说，章鱼的大脑确实很发达，它可以分辨镜中的自己，还能走出迷宫。它的大脑中有 5 亿个神经元。难道，聪明的章鱼保罗确实会运用大数据，科学地预测了比赛结果吗？

其实，让一条对足球一无所知的章鱼来预测胜负，猜对、猜错的可能性各为 $\frac{1}{2}$（注意：如果让专家预测，那么猜对、猜错的可能性就不一定是各为 $\frac{1}{2}$ 了），就像我们掷一枚均匀的硬币那样，国徽朝上和国徽朝下的可能性各是 $\frac{1}{2}$（注意：如果是不均匀的硬币，那么国徽朝上、朝下的可能性就未必是各为 $\frac{1}{2}$ 了）。

第一次猜对的可能性为 $\frac{1}{2}$，连续两次猜对的可能性是 $\frac{1}{4}$。同理，我们可以推算出章鱼保罗连续 8 次猜对的可能性是 $\frac{1}{256}$，约等于 0.004，即千分之四。章鱼保罗 8 猜 8 中的可能性是存在的，只是小了点儿而已，这是一个小概率事件。所以，千万别说它是什么"神仙"，说不定它再猜一次就会出现错误。这条章鱼的饲养员也决定不再让它预测什么事情了。

2010 年 10 月，章鱼保罗去世，享年 2 岁半。

尽管小概率事件发生的可能性很小，但在自然界中也会发生。

在一般情况下，人类一胎会生一个孩子，偶尔也有生双胞胎、三胞胎的情况。不过，随着试管婴儿技术的产生和发展，多胞胎越来越多。多胞胎的世界纪录是多少？1971 年，意大利一名 35

岁的孕妇分娩了，医生从她的子宫里取出了 15 个婴儿。15 胞胎！难以想象，孕妇的肚子里怎么放得下这么多婴儿。这就是多胞胎的世界纪录。有人估计，人类生 15 胞胎的概率很小，只有 0.000 03，即十万分之三，但这个估计也未必正确。至于网上流传的 17 胞胎的消息，很有可能是假的。

第七篇

集合、逻辑、组合等

死里逃生

在古代的某一个国家里，法官用抽签的办法来决定犯人的生与死。具体的做法是：法官在两张纸片上分别写上"生"与"死"，让犯人去抽签，抽到"生"字纸片，犯人就可被赦免；抽到"死"字纸片，犯人就立即被处决。

一个犯人与法官有私仇，法官为了报复他，偷偷地在两张纸片上都写上"死"字。犯人的一位好朋友得知了这个情报，便偷偷地把这个消息告诉了犯人。哪知犯人却很高兴，觉得自己一定可以生还了。你知道这是怎么回事吗？

第二天开庭，犯人面对两张纸片，飞速抢了一张纸片吞到肚子里。没人知道这张已被吞到肚子里的纸片上写的是"生"字，还是"死"字。陪审员议论以后认为，只需打开剩下的那张纸片看一下，就可以确定犯人抽到的，也就是被吞进肚中的那张纸片上写的是什么字了。剩下的那张纸片上当然写的是"死"字，于是，陪审员们断定犯人吞下的是"生"字纸片，犯人被当庭释放了，法官也无可奈何。

0 与 1 之间有多少个有理数?

我们知道,0 和 1 都是有理数。但是,0 与 1 之间有多少个有理数? 恐怕不是每一个同学都知道答案。

有人会说,0.5 是 0 与 1 之间的一个有理数;也有人会说,0.1,0.2, 0.3,…, 0.9 都在 0 与 1 之间,并且都是有理数,因此,0 与 1 之间有 9 个有理数。但是,再仔细一想,0.01, 0.02, 0.03,…, 0.09 以及 0.11, 0.12, …, 0.99 都是 0 与 1 之间的有理数。这样一来,0 与 1 之间不就有 99 个有理数了吗? 有人怀疑,0 与 1 之间能放得下那么多有理数吗?

其实,0 与 1 之间的有理数不止 99 个,0 与 1 之间有无穷多个有理数!

这个道理不难想通。因为 0 与 0.01 之间还有 0.001, 0.002,…, 0.009 这些有理数,而 0 与 0.001 之间还有有理数……这样无限地推下去,0 与 1 之间当然有无穷多个有理数啦! 推而广之,不仅 0 与 1 之间有无穷多个有理数,而且,任意两个有理数之间都有无穷多个有理数!

上述内容可以帮助你想通问题,严格的证明其实并不难。

假定 a 和 b 是介于 0 和 1 之间的两个有理数,那么它们的平均数 $\dfrac{a+b}{2}$ 一定在 0 和 1 之间。这样,我们就在 a 和 b 之间找到了一个有理数。

记 $\dfrac{a+b}{2} = c$。我们进一步求 a 和 c 的平均数，记作 c'，显然 c' 在 a 和 c 之间，当然也在 a 和 b 之间。这样，我们就找到了 a 和 b 之间的 2 个有理数。

如法炮制，我们可以找到 3 个、4 个、5 个……有理数。可见，a 和 b 之间有无穷多个有理数。这个结论叫有理数的稠密性。

虽然有理数很密，但是，将它们标在数轴上之后，数轴上还有很多空隙。这些空隙就是无理数所在的位置。只有有理数和无理数一起，也就是全体实数，才能将数轴填得满满的。

奇数、偶数哪个多？

正奇数多，还是正偶数多？你一定会说一样多。不错，但如果我问你："正偶数多，还是正整数多？"你一定会说："当然是正整数多！因为正偶数是正整数的一部分嘛！"

且慢。比较两个集合的元素哪个多、哪个少，最简单的办法是数一下。其实，还有一个办法，那就是运用对应法则。譬如，幼儿园里有许多小朋友和许多小椅子。现在我要问："是小朋友多，还是小椅子多？"

老师一声令下："小朋友，每个人都找一把小椅子坐下来。"当小朋友执行完这道命令的时候，你就能够知道是小朋友多，还是小椅子多了。这就是对应法则。如果每个小朋友都有一把小椅子坐，每把小椅子都被一个小朋友坐着，那么，我们可以断言：小朋友的人数和小椅子的数量一样多。

这两个办法中哪个更好？看来第二个办法好一点儿，至少从理论上说是这样的。对于有限集，你可以用数一下的办法来比较元素的数量，对无限集就只能用对应法则了。现在我们回头来讨论本文一开始提出的问题：正奇数多，还是正偶数多？

因为正奇数和正偶数可以一一对应，譬如，

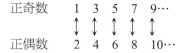

所以，正奇数和正偶数一样多。

正偶数多，还是正整数多？在正偶数和正整数之间建立下面的对应关系：

正整数   1   2   3   4   5   6⋯
$$\updownarrow \quad \updownarrow \quad \updownarrow \quad \updownarrow \quad \updownarrow \quad \updownarrow$$
正偶数   2   4   6   8   10   12⋯

既然每一个正整数都可以找到一个正偶数和它对应，同时，每一个正偶数也有一个正整数和它对应，那么就如同判断小朋友和小椅子一样多那样，正整数和正偶数当然应该一样多。

正整数和正偶数一样多！你大概会感到惊讶。没错，在这种观点中，正整数和正偶数就是一样多。你不必为此感到吃惊，更令人吃惊的还在后面：全体有理数和正整数也一样多。

我们知道，有理数包括整数和分数。正整数是整数的一部分，整数是有理数的一部分，怎么全体和部分"一样多"了？

是的，有理数无非是以 1（即整数）、2、3⋯⋯为分母的分数组成的。我们将全体有理数写出来：

$$\frac{1}{1}, \frac{2}{1}, \frac{3}{1}, \frac{4}{1}, \frac{5}{1}, \frac{6}{1}, \cdots$$

$$\frac{1}{2}, \frac{2}{2}, \frac{3}{2}, \frac{4}{2}, \frac{5}{2}, \frac{6}{2}, \cdots$$

$$\frac{1}{3}, \frac{2}{3}, \frac{3}{3}, \frac{4}{3}, \frac{5}{3}, \frac{6}{3}, \cdots$$

$$\frac{1}{4}, \frac{2}{4}, \frac{3}{4}, \frac{4}{4}, \frac{5}{4}, \frac{6}{4}, \cdots$$

⋯⋯

去掉非最简的分数，成：

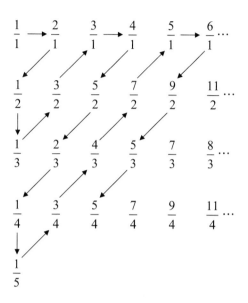

将这些数排成一行。（注意，上面这样是一个"方阵"，即使将第二行"接"在第一行后面，将第三行"接"在第二行后面……也不能算排成一行。因为在"拼接"处有省略号"…"，所以我们不能确定每一行最后的数。譬如"方阵"中第二行第一个数"$\frac{1}{2}$"如果接在第一行后面，我们就说不好它到底在这所谓的"一行"里排在第几个位置。）怎么排？说起来有点儿古怪——按箭头所标的路线排：

$$\frac{1}{1}, \frac{2}{1}, \frac{1}{2}, \frac{1}{3}, \frac{3}{2}, \frac{3}{1}, \frac{4}{1}, \frac{5}{2}, \frac{2}{3}, \frac{1}{4}, \frac{1}{5}, \cdots$$

这样排成一行之后，将每一个数依次编号：

$$\frac{1}{1}, \quad \frac{2}{1}, \quad \frac{1}{2}, \quad \frac{1}{3}, \quad \frac{3}{2}, \quad \frac{3}{1}, \quad \frac{4}{1}, \quad \frac{5}{2}, \cdots$$

$$\updownarrow \quad \updownarrow \quad \updownarrow \quad \updownarrow \quad \updownarrow \quad \updownarrow \quad \updownarrow \quad \updownarrow$$

$$1 \quad 2 \quad 3 \quad 4 \quad 5 \quad 6 \quad 7 \quad 8\cdots$$

这样，我们就找到了全体有理数和全体正整数之间的一一对应关系。既然它们有了一一对应关系，那我们就可以说它们的个数一样多。

我们比较了奇数、偶数、整数、有理数集合的元素的数量，那么有理数和无理数是不是一样多呢？不是，无理数比有理数"多"得多。这些知识比较深奥，我们在这里就不谈了。

179 = 153?!

参加春游的女生组成一个集合 A，男生组成一个集合 B。如果集合 A 有 128 个元素，集合 B 有 51 个元素，那么 A 与 B 的并集 $A \cup B$ 有几个元素呢？也就是问：参加这次春游的全体同学有多少人呢？

显然，只要把 A、B 两个集合的元素个数相加，马上可以求得有 $128 + 51 = 179$ 个元素。但是，下面的问题的结果似乎有些不同。

某一天的中午，食堂只做了两种主食：米饭与包子。炊事员小杨实地数了数，这天中午在食堂里就餐的共有 153 人；而小王数得吃米饭的有 128 人，吃包子的有 51 人。这样，就餐的人共有 $128 + 51 = 179$ 人。于是 $179 = 153$？！

当然，这是不可能的。那么，错在哪里呢？我们刚才把吃饭的人的全体看作集合 A，把吃包子的人的全体看作集合 B，就餐的人被视为它们的并集 $A \cup B$。为什么这一次并集 $A \cup B$ 元素的个数不等于 A 的元素个数与 B 的元素个数的和呢？明眼人一看就知道，因为有一部分人既吃了包子又吃了米饭，被重复计算了。

可见，只有当集合 A 和 B 没有公共元素时，并集 $A \cup B$ 的元素个数才等于集合 A 的元素个数与集合 B 的元素个数的和。当集合 A 和 B 有公共元素时（两者为包含关系或部分交叉时），并集 $A \cup B$ 的元素个数并不等于集合 A 与集合 B 的元素个数的和。

我们仔细地分析一下，就会发现就餐的人可以分成三部分（图1）：

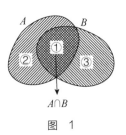

图 1

① 既吃米饭又吃包子的人（就是 $A \cap B$ 的元素），

② 只吃米饭，不吃包子的人（集合 A 的元素中扣除 $A \cap B$ 的元素），

③ 只吃包子，不吃米饭的人（集合 B 的元素中扣除 $A \cap B$ 的元素）。

这三部分人是不重复的。如果把这三部分人当作 3 个集合，那么这 3 个集合是互不相容的，就餐的人数就是这三部分人数的和。现在的关键问题是要知道既吃米饭又吃包子的人数。按照小王的统计，就是把交集 $A \cap B$ 元素的个数加了两次，所以出现了 "179 = 153" 的错误。吃米饭的人数加上吃包子的人数，减去就餐的实际人数，就是小王重复计算的人数，这就是既吃米饭又吃包子的人数，即 $A \cap B$ 元素的个数：

$$128 + 51 - 153 = 26（人）。$$

于是，我们可以知道，既吃米饭又吃包子的有 26 人，只吃米饭不吃包子的有 102 人，只吃包子不吃米饭的有 25 人。总数仍是 153 人，而不是 179 人。

利用集合的知识，很快就能解决这个看起来很复杂的问题。这个原理叫作容斥原理。

猪八戒数西瓜子

话说唐僧师徒去西天取经，转眼已是盛夏，烈日当空，师徒们都口渴乏力。唐僧命猪八戒去找些水来解渴。八戒心中虽然不愿，但师命难违，只得迈开大步，独自向山中走去。他走了好长一段路，始终不见水。正在为难，猛然看见路旁有一个大西瓜。八戒馋劲儿上来，也顾不得师父一行人，独自狼吞虎咽，把西瓜"报销"了。他一边啃西瓜，一边把西瓜子往口袋里装。一时顾不得脚下，踩在自己丢掉的西瓜皮上，摔个鼻青脸肿。他连忙爬起，心里还惦记着口袋里的西瓜子，伸手一摸，糟了！一口袋西瓜子只剩半口袋了，估计不过一二百粒。八戒想知道究竟还剩多少粒西瓜子，于是顾不得疼痛，数了起来。

"1、2、3、4……"八戒想，这样数太慢了，得"技术革新"。

"3粒，又是3粒，又是3粒……"他得意地想：这样快多了，我老猪毕竟是聪明人。数着数着，最后剩下2粒。由于太得意了，他忘了数了几回。

八戒只得重新数。他又变了个花样，5粒、5粒地数，结果剩下3粒。由于八戒在数的时候感到屁股有点儿痛，开了小差，又忘了数了几回。

再重新数。这一次他7粒、7粒地数，数得他眼花气急，好不容易数完，这次剩下4粒，可他根本没留意数了几回。

八戒数了半天，还是没搞清自己到底还有多少粒西瓜子。他再也不愿数了，长叹一声："咳！我老猪当不了数学家。"他心想，还是到哪里去炒一炒，这瓜子可香呢！想到这里，他不由得流下了几滴口水。

读者朋友，你看清楚了吗？八戒数半口袋西瓜子（估计有一二百粒），3 粒、3 粒地数，剩下 2 粒；5 粒、5 粒地数，剩下 3 粒；7 粒、7 粒地数，剩下 4 粒。请你帮八戒算一下，这半口袋瓜子有多少粒？

我们在前面已经遇到过这类问题，这里还可以用交集的方法来解决。3 粒、3 粒地数八戒口袋里的瓜子，剩 2 粒，就是说瓜子可能有 2 粒，也可能有 5 粒、8 粒……即总是比 3 的整数倍多 2。也就是说，瓜子数必定属于集合

A：{2, 5, 8, 11, 14, 17, 20, 23, 26, 29, 32, 35, 38, 41, 44, 47, 50, 53, …}。

类似地，瓜子数还应属于集合

B：{3, 8, 13, 18, 23, 28, 33, 38, 43, 48, 53, 58, 63, 68, …}，
C：{4, 11, 18, 25, 32, 39, 46, 53, 60, 67, 74, …}。

我们只要求出它们的交集 A∩B∩C 就可以了，不难看出，

A∩B∩C：{53, 158, 263, …}。

所以八戒的瓜子可能有 53 粒，也可能有 158 粒、263 粒……考虑到半口袋瓜子大约为 100 到 200 粒，于是我们可以断定，八戒口

袋里的西瓜子还剩下 158 粒。

这个解法十分朴素，华罗庚在《从孙子问题的神奇妙算谈起》一书的开头，就介绍了与此类似的一种"笨"方法，并作诗曰：

> ……
>
> 妙算还从拙中来，
>
> 愚公智叟两分开，
>
> 积久方显愚公智，
>
> 发白才知智叟呆。
>
> 埋头苦干是第一，
>
> 熟练生出百巧来，
>
> 勤能补拙是良训，
>
> 一分辛劳一分才。

有趣的判断题

在一次数学竞赛中，A、B、C、D、E 五位同学得了前五名。老师对他们说："祝贺你们取得了胜利。"有一位同学说："我们只知道我们都是前五名，但每个人都不清楚自己究竟获得第几名。现在只等老师宣布名次了。"

"你们都是聪明人，请先猜一猜吧！"老师说完，大家议论起来了。

A 说："第二名是 D，第三名是 B。"

B 说："第二名 C，第四名是 E。"

C 说："第一名是 E，第五名是 A。"

D 说："第三名是 C，第四名是 A。"

E 说："第二名是 B，第五名是 D。"

听了同学们的回答，老师笑着说："可惜，每个人都猜对了一半。"经老师这么一说，五位同学很快就把各人的名次排出来了。请你想一想，他们是怎样分析的？

我们可根据老师讲的"每个人都猜对了一半"这句话着手分析。假定 A 说的"第二名是 D"正确，则"第三名是 B"就不正确；而且，E 说的"第二名是 B"也不正确，同时，"第五名是 D"也成了不正确的话，这与老师说的话（每个人都猜对了一半）矛盾，因此，上述的假设不能成立。

现在假定 A 说的"第三名是 B"正确,则"第二名是 D"就不正确。由此可推得:

E 说"第五名是 D"正确,"第二名是 B"不正确;

C 说"第一名是 E"正确,"第五名是 A"不正确;

B 说"第二名是 C"正确,"第四名是 E"不正确;

D 说 "第四名是 A"正确,"第三名是 C"不正确。

如果大家能掌握这种推理方法,它会在学习数学的过程中有很大帮助。

下面我想介绍另一种方法——表格法,同样能解这一题目,甚至有时比上述推理方法更简易。根据上述 A、B、C、D、E 五位同学讲的话,先列表 1,如下。

表 1

同学	名次				
	1	2	3	4	5
A		D	B		
B		C		E	
C	E				A
D			C	A	
E		B			D

根据题意可知,除了"每个人的猜测中,只有一个是对的""每个人都取得了名次"这两个条件外,还有一个较隐蔽的条件:"每个名次只有一个人"。从上表中可以看出,解题的突破口显然是 C 的回答。第一列只有 E,所以 C 说"E 是第一名"是正确的,打上"√",那么"A 是第五名"肯定错了,打上"×"。同时,我们就能判断出"A 是第四名",且"D 是第五名"是正确的,

给这两项分别打上"√"，以此类推，得表2。

表 2

同学	名次				
	1	2	3	4	5
A		D×	B√		
B		C√		E×	
C	E√				A×
D			C×	A√	
E		B×			D√

因此，第一名是 E，第二名是 C，第三名是 B，第四名是 A，第五名是 D，符合题意。

对于许多较复杂的判断题，如果我们用列表的方法来分析，不仅条理清楚，而且会使隐蔽的条件明朗化，容易找到解题的突破口。

黑帽和白帽

　　一位老师想辨别他的三个得意门生中哪一个更聪明些，他采用了以下方法：事先准备五顶帽子，其中三顶白的，两顶黑的。在试验前，他先让三个学生看一看这些帽子，然后让他们闭上眼睛，给每个学生各戴上一顶白帽子，然后把两顶黑帽子藏起来。最后，老师命令他们睁开眼睛，让他们说出自己头上戴的是什么颜色的帽子。

　　三个学生相互看了看，深思了一会儿，最后异口同声地说，自己头上戴的是白帽。他们是怎么猜出来的呢？他们的推理过程如下。

　　我们先把问题简化一下，先看"两个人，两顶白帽，一顶黑帽"的情形。甲看见乙头上戴的是白帽，那么自己头上戴的可能是白帽，也可能是黑帽。而如果自己头上戴的是黑帽，那么乙应该马上说出自己头上戴的是白帽（别忘了，他们都是"聪明"的学生）。而现在乙没有马上说出答案，可见甲头上不是黑帽，而是白帽。

　　再回来看"三个人，三顶白帽，两顶黑帽"的情形。甲看见乙、丙头上戴的是白帽，那么自己头上的帽子是什么颜色呢？他的推理如下：假如自己头上的帽子是黑的，那么除甲之外，就变成了"两个人（乙、丙），两顶白帽，一顶黑帽"的情况，经过少许时间的思考，乙、丙两人都应该说出自己头上戴的是白帽。

而现在他们两人谁都不吭声，可见甲自己头上戴的是白帽。

我国著名数学家华罗庚在演讲中多次提到过这个问题，它包含了反证法和数学归纳法的思想。

囚犯放风

英国数学游戏专家亨利·杜德尼曾经提出过一个有趣的问题。

从前，有 9 名特别凶恶的江洋大盗，他们已被逮捕入狱，每天都要被监狱看守人员带出去放风。这些囚犯在放风时被分成 3 组，每组 3 人，看守用手铐将 3 人连在一起。为了防止他们策划阴谋诡计，在 6 天中任意两名罪犯被铐在一起的机会只能有一次。请问，看守应该怎样制订一个谨慎的放风计划？我要补充一点，由于左、右两名囚犯被中间的一人隔开，因此即使他们同属一组，也无法交谈，所以我们不认为这两人是被铐在一起的。

此题提出以后，杜德尼公开征解，长期无人问津。后来杜德尼只好本人给出了解法。他制订的放风计划如下。

第一天：1 - 2 - 3，4 - 5 - 6，7 - 8 - 9。

第二天：6 - 1 - 7，9 - 4 - 2，8 - 3 - 5。

第三天：1 - 4 - 8，2 - 5 - 7，6 - 9 - 3。

第四天：4 - 3 - 1，5 - 8 - 2，9 - 7 - 6。

第五天：5 - 9 - 1，2 - 6 - 8，3 - 7 - 4。

第六天：8 - 1 - 5，3 - 6 - 4，7 - 2 - 9。

后世很多研究者对这个问题进行了种种讨论与推广，比如囚犯人数不限于 9 人的情况，对于 $n = 21, 33, 45, 81, 105, 117, 189\cdots$ 都有解。

陆家羲和"科克曼女生问题"

数学史上有一个"科克曼女生问题"，问题如下。有一所女子学校，其中一个班共有 15 个学生。每天傍晚，全班女生都要在校园里散步。一天，其中一个女生出了一个主意：散步时，把全体女生按 3 人一组分成 5 组；第二天，仍把全体女生按 3 人一组分成 5 组，但是，要求第一天同组过的任意两人不再同组；第三天，还是把全体女生按 3 人一组分成 5 组，要求第一、第二天中同组过的任意两人不再同组……连续散步 7 天，能不能使每一个女生只有一次机会与别的同学同组呢？

这个问题虽然较难，但细细研究，还是可以求得结果的。如果把 15 个女生编为 1 至 15 号，那么表 1 就给出了连续散步 7 天的一种方案。

表 1

第一天	第二天	第三天	第四天
① 1, 2, 3	⑥ 1, 4, 5	⑪ 1, 6, 7	⑯ 1, 8, 9
② 4, 8, 12	⑦ 2, 8, 10	⑫ 2, 9, 11	⑰ 2, 12, 14
③ 5,10,15	⑧ 3, 13, 14	⑬ 3, 12, 15	⑱ 3, 5, 6
④ 6, 11, 13	⑨ 6, 9, 15	⑭ 4, 10, 14	⑲ 4, 11, 15
⑤ 7, 9, 14	⑩ 7, 11, 12	⑮ 5, 8, 13	⑳ 7, 10, 13
第五天	第六天	第七天	
㉑ 1, 10, 11	㉖ 1, 12, 13	㉛ 1, 14, 15	
㉒ 2, 13, 15	㉗ 2, 4, 6	㉜ 2, 5, 7	
㉓ 3, 4, 7	㉘ 3, 9, 10	㉝ 3, 8, 11	
㉔ 5, 9, 12	㉙ 5, 11, 14	㉞ 4, 9, 13	
㉕ 6, 8, 14	㉚ 7, 8, 15	㉟ 6, 10, 12	

从上面的方案中可以看出，任意两人只同组一次。譬如 10 号女生，她第一天和 5 号、15 号同组，第二天和 2 号、8 号同组，第三天和 4 号、14 号同组……10 号女生与她的 14 个同学都同组过，但没有一人与她同组两次。

"科克曼女生问题"在那个年代不过是一个数学游戏而已。但是近几十年来，随着计算机的兴起，逐渐产生了一个新的数学分支——组合论。所谓组合论，是研究如何按照一定的要求安排一组事物的科学。"科克曼女生问题"正是研究怎样安排 15 个女生的，当然属于组合论的研究范围。随着组合论的兴起和发展，古老的"科克曼女生问题"重新受到人们的重视。

早在 20 世纪之前就有人将"科克曼女生问题"加以推广。有人注意到，如果不是 15 个人，而是其他人数，能不能编出类似的问题来呢？人们发现，只有当总人数是 $3n+3$ 时才有可能。但是对于任意的 n，这个结论究竟对不对呢？这曾经是 100 多年间悬而未决的问题。

我国的一位中学物理教师陆家羲在 1961 年就解决了这个问题。可惜当他把论文寄往有关杂志时，却得到了一个"没价值"的答复。这类女生散步的理论问题怎么会有实际意义呢？当然要被"枪毙"掉了。到了 20 世纪 70 年代，陆家羲才从外文期刊中得知，在 1971 年，两名意大利人解决了这个问题。本是中国人应得到的荣誉，却稀里糊涂地被外国人"夺"走了，陆家羲感到十分痛苦。

陆家羲在痛苦之余，开始攻克与"科克曼女生问题"接近的斯坦纳问题。斯坦纳问题是这样的：给 15 个人列一张分成 3 人小组的表，使 15 人中任一对同学在且仅在表中的某一个小组中。

实际上在"科克曼女生问题"的答案中，每天 5 组，7 天共 35 组，这 35 组列成一表，就是上述问题要求的分组方式。譬如，7 号和 10 号同学同在第 20 组中，那么其他组就不会再同时包括她们两人了。

斯坦纳问题的总人数也可以变更，如总人数为 7 人，我们就可以得到下面一张 3 人小组的表：

$$(1, 2, 4), (2, 3, 5), (3, 4, 6), (4, 5, 7), (5, 6, 1), (6, 7, 2), (7, 1, 3)。$$

当然，这个问题的解并不唯一，譬如还有一种解是：

$$(2, 1, 4), (2, 7, 4), (1, 3, 5), (2, 5, 6), (1, 7, 6), (3, 4, 6), (4, 5, 7)。$$

这个解虽然与前面的解不一样，但其中还有两个组是相同的，即 $(3, 4, 6), (4, 5, 7)$。能否做到与第一个解没有一个组相同呢？能。下面的解就与第一个解没有一个组相同：

$$(1, 5, 4), (1, 2, 3), (1, 6, 7), (5, 6, 3), (4, 6, 2), (4, 7, 3), (2, 5, 7)。$$

这样的两个解叫互斥的解。

在各种斯坦纳问题中，互斥解的最大数是多少？这是一直没有得到解决的问题，陆家羲对此进行了研究。

1983 年 3 月，陆家羲的三篇论文在国际上享有极高声誉的《组合论》杂志上发表了，同年 4 月，该杂志又决定刊登他的另三篇论文。这几篇论文的发表，宣告了斯坦纳问题被这位中国数学家彻底解决了！数十年间，陆家羲在数学界是个名不见经传的小人物，他在极其艰苦的条件下奋力拼搏，终于取得了成绩。

　　1983 年，由于长期劳累，48 岁的陆家羲离开了人世。但他的那种百折不挠的精神，将永远激励我们努力拼搏。1989 年 3 月，陆家羲的妻子代表他参加了在人民大会堂举办的"1987 年国家自然科学奖颁奖大会"，并接受了中国自然科学界的最高荣誉——国家自然科学奖一等奖。

有趣的婚姻问题

在第二次世界大战期间，盟军某机场里的指挥官正为一个问题发愁。为了什么问题发愁呢？是不是人少、机少，对付不了敌军呢？不是的。恰恰相反，反法西斯的力量结成了联盟，各国都向前线派出了数量可观的飞行员和飞机。可是，由于语言和国籍不同，飞行员之间很难协作。面对这支来自五湖四海的队伍，指挥官怎能不发愁呢？

经过仔细的调查分析，指挥官才理出了头绪。为了简化，我们在这里假设能任正驾驶员的有 5 人，只能任副驾驶员的有 6 人。其中，正驾驶员 A 只能与副驾驶员 a、c 合作，正驾驶员 B 只能与副驾驶员 a、f 合作，正驾驶员 C 只能与副驾驶员 b、d、e 合作，正驾驶员 D 只能与副驾驶员 b 合作，正驾驶员 E 只能与副驾驶员 e 合作。

但是，这仅仅是第一步，究竟怎样将正、副驾驶员一一配对，使他们能驾机上天与敌军作战，对此还得动一番脑筋。

正是在复杂的第二次世界大战期间，数学家将数学用到了战争中，并且在战争中发展了数学。当时使这位指挥官大伤脑筋的问题，后来成了图论中著名的"婚姻问题"。

这怎么成了婚姻问题呢？我们不妨把这个问题改头换面。5位男子 A、B、C、D、E 与 6 位女子 a、b、c、d、e、f，他们之间互相认识的状况如下：男子 A 认识女子 a、c，男子 B 认识女子 a、 f，男子 C 认识女子 b、d、e，男子 D 认识女子 b，男子 E 认识女子 e，应该怎样配对，才能使 5 位男子都找到对象并与之结婚呢？这么一改，原问题不就成了一个与婚姻有关的问题了吗？

我们可以画图 1，把男子与女子之间的关系弄清楚。图中左边一列的点 A、B、C、D、E 分别表示 5 位男子，右边一列的点 a、b、c、d、e、f 表示 6 位女子，点之间的连线表示"认识"。然后，我们来筛选，使他们一一配对。可以想象，最后的结局应该只有 5 条连线，表示 5 桩婚姻。接下来，我们要把图中多余的线条合理地擦去，直至满意为止。

在图 1 中，男子 E 只认识女子 e，男子 E 只能与女子 e 配对，所以必须保留线段 Ee。可女子 e 只能嫁给一个人，不能同时与男子 C 配对，所以要擦去线段 Ce。D 的情况与 E 类似，所以要保留线段 Db，擦去 Cb。男子 C 本来认识 3 位女子 b、d、e，现在 b、e 分别与他人结成良缘，C 只能与 d 结合了。

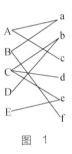

图　1

C、D、E 三位男子的问题解决了，剩下 A、B 两位。女子之中，b、d、e 的问题解决了，剩下 a、c、f 三人。我们另画图 2，这时，可以看出有以下几种可能。

图　2

第一种情况，如果 A 与 a 结合，则需擦去线段 Ac、Ba，B 就应该与 f 结合。

第二种情况，如果 A 与 c 结合，则需擦去线段 Aa，B 既可以选择 a，也可以选择 f。

综合以上情况，这个问题的解有 3 个，也就是有 3 种配对方案，这 3 个方案用图 3 给出。

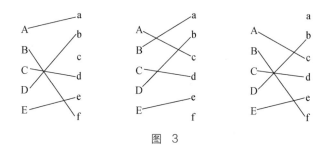

图　3

不过，由于女多男少，因此总有一名女子无法与 5 位男子中的一位配对。那么是不是因为女比男多，不管怎样组合，5 位男子总不会落空呢？不是的。如果安排不当，这种情况是很容易发生的。譬如，安排男子 C 与女子 e 结合，则男子 E 就落空了。

在一门新兴的数学分支中，婚姻问题属于匹配问题。在上面这幅图中，A、B、C、D、E 五位男子都找到了对象，没有人落空，这种匹配叫完全匹配。但是，我们是否总能找到完全匹配呢？不一定，譬如在图 4 中就无法找到完全匹配。我们容易看出，图 4 与图 1 只有"一线之差"，原先图中的 Db 改成了 De。

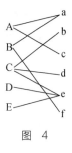

图　4

分析一下男子 D 及 E。他们两人都只认识女子 e。如果 D 与 e 结合，那么 E 与 e 就无法结合；如果 E 与 e 结合，那么 D 与 e 就无法结合。所以，C、E 之中至少有一个人落空。因此，在这种情况下，完全匹配是不存在的。

一位叫霍尔的数学家最终解决了婚姻问题。他论证了下列定理，被称为婚姻定理。

婚姻定理：如果任意 k 个男子认识至少 k 个女子，那么他们能完全匹配。反过来，要完全匹配，任意 k 个男子必须至少认识 k 个女子。

在上面被改动过的问题中，因为男子 D 和 E 两人（$k = 2$）只认识 1 个女子，不能满足婚姻定理的条件，所以我们找不到完全匹配。而在原先的问题中，每一个男子（$k = 1$）至少认识 1 个女子，每两个男子（$k = 2$）至少认识 2 个女子，比如，A、B 认识 a、c、f 这 3 人，A、C 认识 a、b、c、d、e 这 5 人……每 3 个男子（$k = 3$）至少认识 3 个女子，比如，A、B、C 认识 a、b、c、d、e、f 这 6 人……每 4 个男子（$k = 4$）至少认识 4 个女子，每 5 个男子至少认识 5 个女子，所以该问题满足婚姻问题的条件，我们能找到完全匹配。

孙子问题有续篇

任何计算机都有容量问题，一台计算机只能处理一定位数的数字。这个位数叫计算机能处理的"字长"。例如，通常计算机能处理的"字长"是 15 位。那么在这种计算机上，我们可以直接处理 85 704、198 919 891 989 这样的数。如果某个数的位数超过了计算机能处理的字长，那么它还能不能被输入计算机呢？直接输入是不可能的，计算机专家都采用间接的方法来解决这个问题，即把一个大数看作两个小数，分别输入计算机。最简单的做法是将一个 30 位的大数分割为两段，把它看作两个 15 位的数。但是这样输入以后，运算起来就会有一大堆麻烦。所以，人们一般不是简单地将大数分割成两段。

怎么办呢？必须另想办法。为了说清道理，我们假定某台计算机只能处理 5 以内的数。我们采用下面的办法，将 1~15 的数看成两个小一点儿的数（5 以内）。表 1 是一个三行五列的表，1~15 都一一列在表中。譬如 9 在第三行、第四列，9 就可表示成一对数 (3, 4)，这个做法有点儿像坐标法。这样，大数就转变为一对小一点儿的数。

表　1

行	列				
	1	2	3	4	5
1	1	7	13	4	10
2	11	2	8	14	5
3	6	12	3	9	15

这个表是怎么设计出来的呢?

如图 1,我们将 1~15 填在 15×15 的方格纸的对角线上。然后沿粗黑线剪开,得到一些 3×5 的方格纸,将这些方格纸叠在一起,如果这些方格纸是透明的,我们就可以发现,1~15 都规规矩矩地填在 3×5 的方格纸的格子中,一个萝卜一个坑,没有重叠,也没有空格。

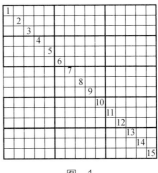

图　1

这就令人诧异了,为什么这样做能够使 1~15 恰巧填满 3×5 的方格纸呢?

原来,这也是一个孙子问题。拿 14 来举例,三三数之余二,五五数之余四,所以它填在第二行、第四列。而且孙子问题保证,在 15 以内的数中,只有这一个数能填入这个空格,即 15 个空格与 15 以内的 15 个数之间存在着一一对应的关系。这样将大数转化成两个较小的数,运算就会很方便。

譬如,我们要计算 7×2,7 被计算机看作(1, 2),2 被计算机看作(2, 2)。我们把行数 1 与 2 相乘得 2,把列数 2 与 2 相乘得 4。我们在第二行、第四列的格子上找一下,对应的数是 14,它就是 7×2 的结果。如果行数或列数的乘积大于 3 或 5,只要分别减去 3 和 5 的倍数就可以了。

你看,这样编码的话,计算机在进行计算时十分方便,计算机当然十分乐意接受这种编码法咯!

抽屉、π 和除法

匈牙利著名数学家保罗·埃尔德什听说有个 12 岁的少年拉约什·波绍聪明过人，于是就把他请到家里。在吃晚饭时，埃尔德什教授出了一道题要考一考小波绍。这道题是这样的：

从 1、2、3、4……99、100 这 100 个数中随意取出 51 个，其中至少有两个数是互质的。试证之。

小波绍思考了一会，说："好了。"

当埃尔德什问他怎么证明时，小波绍不慌不忙地把桌子上的杯子一一放到自己跟前，说："这里有一些杯子，就算 50 只吧。我把 1、2 这两个数放在第一个杯子里，把 3、4 这两个数放在第二个杯子里，把 5、6 这两个数放在第三个杯子里……把 99、100 这两个数放在第 50 个杯子里。

"因为我们要挑 51 个数，但一共只有 50 只杯子，所以至少一只杯子里的两个数全被挑出来了。而在同一只杯子里的两个数是连续自然数，它们必定是互质的。"

埃尔德什十分高兴。波绍后来成为少年大学生，再后来成为当代一名出色的数学家。

波绍证这道题所用的方法叫抽屉原则。抽屉原则是这样的：把 3 个苹果放到 2 个抽屉里，那么，我们可以断言，至少 1 个抽屉里有 2 个或 2 个以上的苹果。这是十分容易想通的。倘若所有抽屉里都只放了 1 个苹果或没有苹果，那么，2 个抽屉里一共最多只有 2 个苹果。但现在 2 个抽屉里却有 3 个苹果，所以这种假设是不可能的。

苹果可改为鸽子，抽屉可改为鸽笼，抽屉原则也叫作鸽笼原理。可别小看了这个原理，用处可大着呢！它是一门新兴的数学分支、一门研究安排事物的学问——组合学里的一个重要法则。

我们用[x]表示不超过 x 的最大整数，不难知道：

$$[5.1] = 5,$$
$$[5] = 5,$$
$$[-2.3] = -3。$$

利用记号[x]，我们可以把抽屉原则表示成：

将 n 个物品放在 m 个抽屉里（ n > m ），如果 n 是 m 的倍数，那么至少一个抽屉里的物品数不小于 $\frac{n}{m}$；如果 n 不是 m 的倍数，那么至少一个抽屉里的物品数不小于 $\left[\dfrac{n}{m}\right] + 1$。

在上面的例子中，苹果数 n = 3，抽屉数 m = 2。那么，至少有一个抽屉里的苹果数不小于

$$\left[\frac{3}{2}\right] + 1 = 1 + 1 = 2（个）。$$

下面我们举例来说明抽屉原则的用处。有位小学老师在上数学课时，在黑板上写下了 π 的值

$$3.141\ 59\ldots。$$

有位小朋友举手问老师："这个'...'是怎么来的呢？"这位老师不假思索地回答道："这当然是除不尽而得来的咯！"

其实，这位老师回答错了。这位老师所说的除不尽指的是两个整数相除。而当两个整数相除除不尽时，就会得到无限小数。然而，这样只能得到无限循环小数，不会得到无限不循环小数。

为什么当两个整数相除而除不尽时，商必定是无限循环小数呢？让我们看一个具体例子：$1 \div 7$。列竖式，有

$$
\begin{array}{r}
0.142857 \\
7\,)\,\overline{10} \\
7 \\
\hline
30 \\
28 \\
\hline
20 \\
14 \\
\hline
60 \\
56 \\
\hline
40 \\
35 \\
\hline
50 \\
49 \\
\hline
1\ \ddots
\end{array}
$$

当每次执行减法所得的差重复时，商里的数字就会循环。譬如，除到第 6 步，得差 1，与原来的被除数十位上的 1 重复，之后，除法过程就重复了。

那么，这些差会不会重复呢？

　　会重复的！因为这些差都小于 7，所以只会出现 0、1、2、3、4、5、6 这 7 种可能。但是，一旦出现 0，被除数就被除尽了，在我们要讨论的范围里，还余下 6 种可能。而试商可无限次地进行，所以，至多除 7 次，差必定要重复出现。所以，当两个整数相除除不尽时，商必有循环。这里就用到了抽屉原则。"执行 7 次除法，差只有 6 种可能结果"与"把 7 个苹果放到 6 个抽屉里"是完全一样的。

从河图谈到团体赛奇论

相传在大禹治水时，一条叫洛水的河里爬出一只乌龟，乌龟背上有一幅图（图 1）。后人称这幅图为"河图"。用近代数学符号来表示，这无非是把从 1 到 9 这 9 个自然数排成 3×3 的方阵（图 2）。

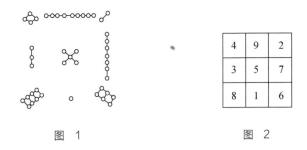

图 1   图 2

有趣的是，这个方阵中横向三行的数字之和都是 15：

$$第一行 \quad 4+9+2=15,$$
$$第二行 \quad 3+5+7=15,$$
$$第三行 \quad 8+1+6=15。$$

纵向三列的数字之和也都是 15：

$$第一列 \quad 4+3+8=15,$$
$$第二列 \quad 9+5+1=15,$$
$$第三列 \quad 2+7+6=15。$$

连斜向的两条对角线的数字之和也是 15：

$$4 + 5 + 6 = 15,$$
$$2 + 5 + 8 = 15。$$

这种方阵又叫作纵横图，在西方叫幻方。河图就是一种三阶幻方，由于河图性质奇特，因此在古代，有人用它来搞迷信活动。古印度人和古阿拉伯人也较早地知道了这个三阶幻方，他们也认为它有神奇的力量，可以避邪驱疫。直到现在，还有人把刻着这个三阶幻方的金属片挂在颈上作为护身符。这个古老的河图看来仅仅是一种数字游戏而已，可是在现代，有人竟然将它用于博弈，并从中引出了一个"团体赛奇论"。那么，什么叫"团体赛奇论"呢？让我们从头说起。

有三个网球队，水平不相上下，如果甲负于乙，乙负于丙，那么甲一定负于丙吗？

这个问题很容易使人迷惑，因为人们习惯于按传递关系思索问题：假若 $a > b$，$b > c$，则 $a > c$。但是好恶、胜败是不可传递的，借助古老的幻方，我们可以清楚地看到这一点。

网球协会决定将 1~9 号种子选手组成 3 支实力相当的球队举行球赛，各队阵容是

甲队：1 号，6 号，8 号。

乙队：3 号，5 号，7 号。

丙队：2 号，4 号，9 号。

恰巧可以排成一个三阶幻方，使其每一行、每一列与对角线的数字之和均是 15。

由于采取循环赛方式，因此每一队的任一个队员都必须与其他两个队的每一个队员比试高低，每两个队之间要进行 9 场角逐。假如每一个队员都能发挥出正常水平，也就是名次在后的队员无法战胜名次在前的队员，那么哪个队能夺取比赛的冠军？

在甲队对乙队的比赛中，1 号可胜 3 场，6 号胜 1 场（胜 7 号）、负 2 场，8 号皆负。所以甲队共胜 4 负 5，甲队输给了乙队。

在乙队对丙队的比赛中，3 号胜 4 号、9 号，5 号胜 9 号，7 号胜 9 号。所以乙队也胜 4 负 5，输给了丙队。

现在甲队输给乙队，乙队输给丙队，看来甲队要名落孙山了吧？不，甲队居然可以战胜看起来最强的丙队。

在甲队对丙队的比赛中，1 号三战三捷，6 号胜 9 号，8 号胜 9 号 —— 结果胜 5 负 4，甲队战胜了丙队。

如此看来，如果三个队都发挥得十分正常，就无法确定冠军、亚军、季军属于谁了。

现代数学里有个分支叫博弈论，也叫作对策论，"团体赛奇论"就是博弈论研究的一个问题。

四阶幻方传奇

四阶幻方共有 880 种，但下面几个四阶幻方颇有特色。

最早的四阶幻方是在印度克久拉霍神庙中的一块碑文上发现的，这座神庙是 11 世纪的历史遗迹。在这个幻方里，横、纵、对角线上的数字之和都是 34。此外，这个幻方还另有高级的特性，那就是，不但对角线上的四数之和为 34：

$$7 + 13 + 10 + 4 = 34,$$
$$14 + 8 + 3 + 9 = 34。$$

而且在"折断"的对角线（可称为副对角线）上的数字之和也是 34（图 1）：

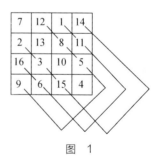

图 1

$$12 + 8 + 5 + 9 = 34,$$
$$1 + 11 + 16 + 6 = 34,$$
$$14 + 2 + 3 + 15 = 34。$$

同样，

$$1 + 13 + 16 + 4 = 34,$$
$$12 + 2 + 5 + 15 = 34,$$
$$7 + 11 + 10 + 6 = 34。$$

这种幻方叫"泛对角线幻方"。

在一次世界博览会上，人们一走进展
览大厅就发现地面由一块块方砖铺成，而
且方砖上都写着数字（图 2）。当观众仔
细观看之后，才惊喜地叫起来，原来地面
是由上述的四阶幻方拼成的：不论你在横
向、竖向还是斜向上任意挑 4 个相邻的数

7	12	1	14	7	12	1	14
2	13	8	11	2	13	8	11
16	3	10	5	16	3	10	5
9	6	15	4	9	6	15	4
7	12	1	14	7	12	1	14
2	13	8	11	2	13	8	11
16	3	10	5	16	3	10	5
9	6	15	4	9	6	15	4
7	12	1	14	7	12	1	14

图 2

字，加起来的和总是 34。不仅如此，每一个 2×2 的小方块中的数
字之和也是 34，令人赞叹不已。

英国趣味数学科普作家亨利·杜德尼被西方人誉为近代趣味
数学的开山鼻祖。他在其著作《坎特伯雷难题集》（中译本改
名为《200 个趣味数学故事》）中，介绍了一个可"拆卸"的四阶
幻方。

给出如图 3 的四阶幻方，请你将它沿图上的直线裁成 4 块，
重新拼合起来，得到的仍是一个四阶幻方。

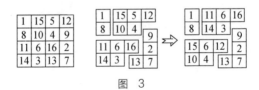

图 3

1514 年，著名画家丢勒画了一幅名为《忧郁》的铜版画，画
里出现了一个四阶幻方（图 4）。在这个幻方中，各行、各列、两
条对角线上的数字之和都等于 34，而且其中两条"副对角线"上
的 4 个数字的和也等于 34。

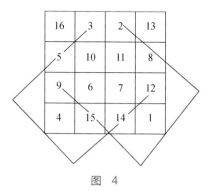

图 4

还有，将这个四阶幻方分成 2×2 的四块，各块里的 4 个数字之和都是 34。不但如此，从丢勒幻方的正中间割出一个 2×2 的小块来，这个小块里的 4 个数字之和也是 34。也就是说，它也是个"可拆卸幻方"（图 5）。

16	3		2	13		16	3	2	13
5	10		11	8		5	10	11	8
9	6		7	12		9	6	7	12
4	15		14	1		4	15	14	1

图 5

你看巧妙不巧妙！还有更妙的，丢勒把作画的年份"1514"别出心裁地嵌在这个幻方中，这只要看一下幻方的第四行的中间两个数就行了。有了这么多的性质，再加上"历史的痕迹"，这个幻方从 880 种四阶幻方中脱颖而出，得以流传。

丢勒的故事已经叙述完毕。但是过了几百年，又冒出了"续篇"。1900 年，有位建筑师叫 C. F. 布拉顿，他在看到丢勒的幻方后突然有了灵感。他以幻方里的数字作为序号，将幻方中的每个格子中心依次联结起来。这样的弯弯曲曲的折线叫"幻直线"。然后，把这个图样用黑白交叉着色，就制作成一幅带点神秘色彩的图案。后来，布拉顿将这种图案用于建筑装饰、纺织品图案设计和书籍装帧中（图6）。

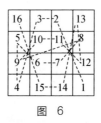

图 6

数学和艺术，还有着割不断的情缘呢！

π 结缘幻方

1979 年，马丁·加德纳在《科学美国人》杂志上公布了两个五阶幻方（图 1）。

17	24	1	8	15
23	5	7	14	16
4	6	13	20	22
10	12	19	21	3
11	18	25	2	9

图　1

它的每行、每列以及对角线上的数字之和都是 65。乍一看，这不过是一个普通的幻方。

我们列出 π 的前 25 位数字，

$$\pi = 3.141\ 592\ 653\ 589\ 793\ 238\ 462\ 643\ldots, \tag{1}$$

然后做下面的工作：

1. 重画一个 5×5 的方格纸；
2. 在新方格纸里填上 25 个数字，我们将举例说明填数方法。

幻方的第一行第一列的格子里的数是 17。我们在式(1)中查出第 17 个数字是 2，所以在新方格纸的相应位置上填 2……这样一来，我们得到一个新的 5×5 的表格（图 2）。

2	4	3	6	9	(24)
6	5	2	7	3	(23)
1	9	9	4	2	(25)
3	8	8	6	4	(29)
5	3	3	1	5	(17)

(17) (29) (25) (24) (23)

图 2

这张表格各行的数字之和依次是 24、23、25、29、17，而且各列的数字之和也是这些数，只是次序略有不同而已。你说妙不妙？

马步幻方

国际象棋棋盘有 8×8 格，国际象棋的棋子有"皇帝""皇后""车""马""象""兵"等，其中"皇后"的本领最大，可以横走、直走，还可以斜走。国际象棋的"马"的走法和中国象棋相仿，只是没有"别马腿"[①]。

"车"和"皇后"肯定可以走到棋盘上的任何一个角落，而"象"就不行，在黑格里走的"象"，永远只能在黑格里走，在白格里走的"象"也永远到不了黑格。"马"呢？它的走法歪七扭八的。那么"马"可不可以只到过每个格子一次，并周游整个棋盘呢？

这是个很有趣的问题，叫作"骑士旅游"问题，这个问题最早是由欧拉提出并研究的。欧拉设计了如下的走法（图 1）。

1	48	31	50	33	16	63	18
30	51	46	3	62	19	14	35
47	2	49	32	15	34	17	64
52	29	4	45	20	61	36	13
5	44	25	56	9	40	21	60
28	53	8	41	24	57	12	37
43	6	55	26	39	10	59	22
54	27	42	7	58	23	38	11

图　1

[①] 也称"蹩马腿"，指的是在象棋中，在"马"的正前方有其他棋子挡住，使得"马"无法前进的情况。

棋盘各格中的数字是"马"走步的序号。"马"经过了每个格子，没有遗漏；也只走过每个格子一次，没有重复。"马"就这么左拐右拐地走遍了整个棋盘。这本来就已经够巧妙的了，但这张图里还隐藏了其他性质，当这些性质揭开以后，你一定会拍案叫绝！

首先，这张图竟构成了八阶幻方，它的各行里的数字之和都等于 260，各列里的数字之和也等于 260。其次，这个幻方还是个"子母幻方"。将它切成 4 块，每块有 4×4 格。那么这 4 块都独自成为幻方，它们的各行、各列里的数字之和都等于 130。这个幻方叫作"马步幻方"。

数学园丁和 100 美元的奖金

20 世纪的数学界群星闪烁，人们甚至说不出哪一位数学家"最"伟大。但是，说起数学科普作家、趣味数学专家，最有成就的非马丁·加德纳莫属。我国当代著名的数学科普作家谈祥柏教授在《数学加德纳》一书的译者序中说："虽然马丁·加德纳从来没有当过教授，但世界各国许多一流的数学家一听到他的名字，无不肃然起敬。"

马丁·加德纳持续 20 多年每月在著名的科普杂志《科学美国人》上发表一篇专栏文章，他将高深、枯燥的数学理论化为浅显、有趣的故事和游戏，并介绍给大众。所以，他被人们称为"数学园丁"。

1988 年，这位数学园丁曾经出了一个问题并征解，他本人出资 100 美元作为奖金。在喝一杯咖啡都要几美元的美国，区区 100 美元实在是一个很小的数目。但是，热爱科学的人常常不看重金钱，有人照样花费大量的精力解出了这个问题，领得了这笔奖金。我想，如果解答者有喝咖啡的习惯的话，那么 100 美元一定还不够他为解答这道题苦思冥想时所喝掉的咖啡的价钱。

有一种幻方叫素数幻方，就是将素数填到格子里，使各行、各列中的数字的和都相等。人们已经构造出很多三阶的素数幻方，而且已经形成了一般的计算方法。马丁·加德纳悬赏征解的问题是：能不能制造一个连续素数构成的三阶幻方？

不久后，一个叫哈里·纳尔逊的人利用克雷超级计算机，通过巧妙的程序解决了这个难题，而且提供了 22 个解答。表 1 是其中一个解答。

表　1

1 480 028 201	1 480 028 129	1 480 028 183
1 480 028 153	1 480 028 171	1 480 028 189
1 480 028 159	1 480 028 213	1 480 028 141

纳尔逊说，他的程序并不能证明这个解答是满足要求的数值最小的解答，但别人能够找到比它更小的解答的可能性接近于 0。

大海捞针

幻方吸引了许许多多的业余数学爱好者，这是因为它看起来既无须很深的数学基础，又十分有趣。这些数学爱好者的确做出了不少成绩，好多新幻方是由他们制作出来的，不少纪录也是由他们创造的。"幻方"领域和其他的数学分支不太一样，业余的数学爱好者可以在其中大有作为。在这些数学爱好者研究幻方的过程中，有不少感人肺腑的故事，这里仅举两例。

1980 年，初中肄业的河南封丘青年农民梁培基在一本科普书中看到了一个八阶的"双料幻方"。所谓的"双料幻方"，就是各行（列）的数字之和相同，而且各行（列）的数字之积也相同的幻方。梁培基被"双料幻方"深深地吸引，于是想编制新的"双料幻方"。

那时，梁培基的生活并不富裕，研究的条件之差是可想而知的。梁培基把十几个算盘排在一起，算啊算，终于制作出一个新的八阶"双料幻方"。梁培基四处投稿，却四处碰壁。他后来写信给著名的数学史家梁宗巨，经梁教授的推荐，梁培基的文章最终在学术刊物《数学研究与评论》上发表。梁培基十分感激梁教授，提议发表时将这个幻方命名为"双梁幻方"，但梁宗巨教授婉言谢绝了。

国外有一位铁路公司的职员，他业余酷爱研究幻方。经过 47 年的努力，他找到了一个三阶"幻六角"（图 1）。在幻六角中，不同方向的每一行上的数字（有时是 3 个数字，有时可能是 4 个或 5 个数字）的和都等于 38。

他把研究成果寄给了一位数学家，但是这位数学家并不重视，经过催促，这位数学家才认真地审查。数学家查遍各种文献，都没有查到一个"幻六角"。这说明，这是世界上第一个"幻六角"。数学家这才打起了精神，在理论上进行了进一步的探索。

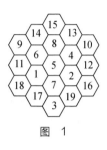

图 1

后来研究表明，这不但是第一个幻六角，而且是唯一的三阶幻六角。这个研究结果足以使人大吃一惊。然而，进一步的研究又出来了：二阶幻六角是不存在的，高于三阶的幻六角也不存在。这说明，它是唯一的幻六角！

人们常用"大海捞针"来形容寻找东西之繁难，但现在的情况是，大海里只有一根"针"，而这位铁路公司的职员竟然把它捞了出来，真是难上加难啊！

欧拉"36 军官问题"

18 世纪的普鲁士王国曾经发生过这么一件事。腓特烈大帝想要举行一次隆重的阅兵式，阅兵式的先导队伍当然要组织得有点儿特色。当时王国有 6 支部队，腓特烈大帝希望每支部队各选出 6 名英俊的军官，而且这 6 名军官要有不同的军阶。不久，36 名军官都到达了首都，准备编队操练。

腓特烈大帝真有点儿标新立异的劲头，临到编队时，他突然要求这 36 名军官组成一个 6×6 方阵，使得每一行、每一列里都有各部队的军官 1 人，同时还有各级别的军官 1 人。

阅兵式指挥官立即行动，按腓特烈大帝的旨意调动军官，企图组成符合要求的方阵。可是左排右排也排不出这样的方阵来。腓特烈大帝气坏了，连声责骂指挥官是"饭桶"。最后，大家不得不请教大数学家欧拉。

欧拉从简单的方阵着手。如果我们用 Ⅰ、Ⅱ、Ⅲ 表示部队，用 1、2、3 表示军阶，那么符合要求的三阶方阵如图 1。

Ⅰ1	Ⅱ2	Ⅲ3
Ⅱ3	Ⅲ1	Ⅰ2
Ⅲ2	Ⅰ3	Ⅱ1

图 1

看一下方阵中的第一行，Ⅰ 队出了一名 1 级军官，Ⅱ 队出了一名 2 级军官，Ⅲ 队出了一名 3 级军官，既有三支部队的军官，也有三种军阶的军官。其他的行和列都是如此。这种方阵叫拉丁方阵，也叫欧拉方阵。这当然是一个三阶的拉丁方阵。

四阶、五阶的拉丁方阵也是可以排出的。但是，欧拉怎么也排不出来腓特烈大帝要求的六阶拉丁方阵。经过了种种尝试之后，欧拉提出一个猜想：六阶拉丁方阵根本不存在。而且他认为，不但六阶拉丁方阵不存在，而且 10 阶、14 阶等阶数是奇数的 2 倍，即 $2(2n + 1)$ 形式的拉丁方阵也不存在。

欧拉的这一猜想，在长达 100 年的时间里始终未能被解决。1842 年，有人曾就此事请教过大数学家高斯，高斯既没有正面回答，也没有兴趣研究它。直到 1900 年，数学家加斯顿·塔里用完全归纳法非常吃力地证明了六阶拉丁方阵是不存在的。

至于其他阶数的情形，进展更艰难。

1910 年，德国数学家沃尼克声称用代数方法证明了 $2(2n + 1)$ 阶（$n > 1$）的拉丁方阵不存在。1923 年，美国数学家麦克尼什指出沃尼克的证明是错的，同时给出了一个拓扑证法。到了 1942 年，这一证明又被德国几何学家科瓦伊找到了错误。

1958 年，美国数学家 E. T. 帕克构造了一个 21 阶的拉丁方阵。接着，印度几何学家罗吉·钱德拉·玻斯取得了惊人的成果：22 阶的拉丁方阵是存在的。之所以说这是个惊人的成果，是因为这等于宣布了欧拉的上述猜想是不正确的。接着，帕克又证明了 10

阶拉丁方阵也是存在的，再一次宣布了欧拉的猜想的破产。

最后，玻斯和他的学生西里克汉特证明了除二阶和六阶外，其他阶的拉丁方阵都是存在的。原来，欧拉只猜中了六阶的情形！至此，"36 军官问题"引出的欧拉关于拉丁方阵的猜想才画上了句号。这是 20 世纪数学史上的一件大事。

数学史多次证明，有些数学理论来源于游戏。但是，这些游戏到后来能够发展为一个数学分支，大多是因为这些游戏和实际问题结合起来了。拉丁方阵问题也是这样。

在 20 世纪中，应用数学取得了长足的发展。安排试验就要用到数学。譬如，在一块正方形的地里种 3 种作物——大麦、小麦和荞麦，准备施 3 种肥料——氮肥、磷肥和钾肥。试想一下，在这块地里种何种作物、施何种肥料最合适，而且安排试验不费工、费时、费财力？这就要顾及方方面面，怎么试？我们可以将土地划成 3×3 的 9 块，使每行、每列都种不同的麦子，并且施了 3 种肥料。明眼人马上会想到利用三阶拉丁方阵（图 2）。

小麦，氮	荞麦，磷	大麦，钾
大麦，磷	小麦，钾	荞麦，氮
荞麦，钾	大麦，氮	小麦，磷

图 2

这种试验方法是统计学家费希尔首先使用的，叫作"正交试验设计"。

从猜年龄谈二进制数

下面有 5 张表，只要你说出哪几张表中有你的年龄，我就可以立刻猜出你的年龄，你相信吗？

表 1			
1,	3,	5,	7,
9,	11,	13,	15,
17,	19,	21,	23,
25,	27,	29,	31,

表 2			
2,	3,	6,	7,
10,	11,	14,	15,
18,	19,	22,	23,
26,	29,	30,	31,

表 3			
4,	5,	6,	7,
12,	13,	14,	15,
20,	21,	22,	23,
28,	29,	30,	31,

表 4			
8,	9,	10,	11,
12,	13,	14,	15,
24,	25,	26,	27,
28,	29,	30,	31,

表 5			
16,	17,	18,	19,
20,	21,	22,	23,
24,	25,	26,	27,
28,	29,	30,	31,

比如，你的年龄在表 5 与表 1 中，那么我就立刻知道你的年龄是 17 岁；如果你的年龄在表 4 与表 3 中，那么我就立刻知道你的年龄是 12 岁。也许你会觉得奇怪，奥妙究竟在什么地方呢？

奥妙在这里：只要你说出自己的年龄在哪几张表里，我就把这几张表的第一个数字加起来，得出你的年龄。（请注意，要用这 5 张表猜年龄，年龄不能超过 31 岁。）你可以试一试，看看准不准。

这些表是怎样编制的呢？其实并不稀奇，这些表利用了二进制数。那么什么是二进制数呢？

我们通常用的数都是十进制数，满十进一。它有 0、1、2、3、4、5、6、7、8、9 十个数码。由于二进制数满二进一，因此它只有 0、1 两个数码。比如，"10"表示 2，所以在二进制数中，"10"绝不代表十进制中的 10，而是 2，这一点需要特别注意。表 6 是 1~31 的十进制数与二进制数的对照表。

表　6

十进制数	0	1	2	3	4	5	6	7	8	9	10
二进制数	0	1	10	11	100	101	110	111	1000	1001	1010
十进制数	11	12	13	14	15	16	17				
二进制数	1011	1100	1101	1110	1111	10000	10001				
十进制数	18	19	20	21	22	23	24				
二进制数	10010	10011	10100	10101	10110	10111	11000				
十进制数	25	26	27	28	29	30	31				
二进制数	11001	11010	11011	11100	11101	11110	11111				

从表中可以看出：

二进制数	1	10	100	1000	10000……
十进制数	1	2	4	8	16……
	(2^0)	(2^1)	(2^2)	(2^3)	(2^4)

所以，将二进制数转换成十进制数很方便，比如 $10111 = 10000 + 100 + 10 + 1$，也就是十进制数中的 $16 + 4 + 2 + 1 = 23$。又如 $111010 = 100000 + 10000 + 1000 + 10$，在十进制数中就是 $32 + 16 + 8 + 2 = 58$。

反过来，怎样将十进制数转换成二进制数呢？那只要把上面的算式倒过来想就可以了，即把一个十进制数拆成 1、2、4、8、16、32、64······的和。比如 47 可以被拆成 32＋8＋4＋2＋1，所以 47 在二进制数中就是 100000＋1000＋100＋10＋1 = 101111。又如，163 可以拆成 128＋32＋2＋1，在二进制数中就是 10000000＋100000＋10＋1 = 10100011。

现在看年龄表的制作和利用它猜出年龄的道理就很方便了。年龄表中的每个数都是按照二进制数的形式放置的。比如 1 的二进制数也是 1，就放在表 1 中；5 的二进制数是 101，放在表 1、表 3 中；21 的二进制数是 10101，放在表 1、表 3、表 5 中；31 的二进制数是 11111，因此 5 张表中都要有 31，以此类推。猜年龄时，如果你告诉我表 1、表 3、表 5 中有你的年龄，那么你实际上就是告诉我你的年龄是 10101，所以你的年龄就是这三张表中第一个数的和：16＋4＋1 = 21 岁。

如果要猜大于 31 的数，那么这 5 张表格就不够用了，需要增加表格。我们可以再加一张表，从 100000（32）扩展到 111111（63），即最大可以猜到 63 岁。

由于二进制数中只有 0、1 两个数码，因此可以用两种相反的状态来表示，例如举手与不举手，灯亮与不亮，电流通与不通等（图 1）。正因为是这样，电子计算机中一般都使用二进制数。

图 1

砝码问题

用 5 只砝码（重量为整数克）能不能在天平上称出 1~121 克的物品？如果能的话，这 5 只砝码应该重多少克？

用 1 克、3 克、9 克、27 克和 81 克的 5 只砝码就可以在天平上称出 1~121 克的物品。1 克的物品显然可以称出。对于 2 克的物品，可在放物品的盘中放一只 1 克的砝码，在另一盘中放 3 克的砝码，那么物品就是 3 − 1=2 克。3 克的物品当然也没问题。对于 4 克的物品，可用 1 克和 3 克两只砝码称出。对于 5 克的物品可在放物品的盘中放 1 克和 3 克的两只砝码，在另一盘中放 9 克的砝码，物品重就是 9 − 3 − 1 = 5 克。

这样推下去，我们可以知道：任意一个正整数都可以表示为 $1, 3, 3^2, 3^3, 3^4, \cdots$ 这些数的代数和。这个问题与三进制数有关，下面略举数例：

$$82 = 3^4 + 3^0 \quad = 81 + 1,$$
$$83 = 3^4 + 3 - 3^0 \quad = 81 + 3 - 1,$$
$$84 = 3^4 + 3 = 81 + 3,$$
$$85 = 3^4 + 3 + 3^0 \quad = 81 + 3 + 1,$$
$$\cdots\cdots$$
$$95 = 3^4 + 3^3 - 3^2 - 3 - 3^0 \quad = 81 + 27 - 9 - 3 - 1,$$
$$\cdots\cdots$$
$$100 = 3^4 + 3^3 - 3^2 + 3^0 \quad = 81 + 27 - 9 + 1。$$

约瑟夫斯问题

17 世纪有一道著名的趣味题。

15 个基督徒和 15 个异教徒同乘一条船航行。途中风浪大作，危险万状，领航人告诉大家，只有把全船 30 人的一半投入海中，其余人才能幸免于难。大家赞成这个办法，并议定 30 人围成一圈，由一人数起，依次向前数。大家议定，每数到第九人，便把他投入海中，然后再继续数，直到仅剩 15 个乘客为止。

问：如何排列，方可使每次投海者都是异教徒？

这当然是当年船上的基督徒的错误想法。让我们去掉这个问题中的宗教色彩，纯粹地把它当作一道数学问题来讨论。

这个问题叫"约瑟夫斯问题"。有人把这个问题的解法隐示于下列诗句之中：

From number's aid and art,

（借助数字的帮助和技巧，）

Never will fame depart.

（名声就绝不会消失。）

这句诗中的元音字母依次为：o、u、e、a、i、a、a、e、e、i、a、e、e、a。我们分别用 1、2、3、4、5 代替 a、e、i、o、u，得一排数，再间隔地画圈——带圈的数字表示基督徒人数，不带圈的数字表示异教徒人数：

④5②1③1①2②3①2②1。

所以，欲求的排法是：4 个基督徒，5 个异教徒，2 个基督徒，1 个异教徒，3 个基督徒，1 个异教徒，1 个基督徒，2 个异教徒，2 个基督徒，3 个异教徒，1 个基督徒，2 个异教徒，2 个基督徒，最后是 1 个异教徒。

诗句只给了我们答案，但是题目是怎样解出来的呢？如果你掌握了近代数学的一个分支——组合数学，那你就应该懂得题目是如何解出来的。

据传，在古罗马人围攻乔塔帕特时，著名历史学家约瑟夫斯同其他一群人一起隐藏在一个山洞中。因粮食将尽，大家就议定杀死一批人，保住其他人。于是，约瑟夫斯提议使用上述的排法，暗中叫自己的同伙排在有利的位置，使他们能够活下来。死去的人心甘情愿，以为是神的安排，其实这是一个骗局，说起来真有点儿残酷。

算法和程序

数学家在解决一类问题时，常常把自己的成果归结为两种形式：一是一个公式，如一元二次方程的求根公式，在中、小学里，我们对公式接触得比较多；二是一套解决问题的规则，我们称这种规则为"算法"。关于算法，我们在中、小学里接触得较少。但是，随着计算机技术的发展，算法或许比公式更重要。我们必须开阔眼界，了解算法的基本思想。

其实，算法这种思想不是现代才产生的。早在欧几里得时代，就有了求两个整数的最大公约数的辗转相除法。辗转相除法是一种算法，而不是公式。

例如，求 134 和 102 的最大公约数。我们可以这样解：

$$134 \div 102 = 1 \ldots \ldots 32$$

134 除以 102，商为 1，余数为 32。为方便，将上式改写成

$$134 = 1 \times 102 + 32 \text{。} \tag{1}$$

102 除以 32，商为 3，余数为 6，写成

$$102 = 3 \times 32 + 6 \text{。} \tag{2}$$

32 除以 6，商为 5，余数为 2，写成

$$32 = 5 \times 6 + 2 \text{。} \tag{3}$$

6 除以 2，商为 3，余数为 0，写成

$$6 = 3 \times 2 + 0 \text{。} \tag{4}$$

由(4)可知 2 是 6 的约数。由(3)可知，2 必定也是 32 的约数。由(2)可知，2 还是 102 的约数。最后看(1)，可知 2 是 134 的约数。所以，2 是 102 和 134 的公约数，而且我们还可以证明 2 是两数的最大公约数。

上述步骤可以合起来写成：

①—1	134	102	3—②
	102	96	
	32	6	
③—5	30	6	3—④
	2	0	

这个方法很有规律，而且通过有限步一定可以求出两数的最大公约数。这就是一种算法。

千万不要小看了算法，认为算法不如公式那么"漂亮"。其实，有些问题没有公式，算法却可以解决问题；有些问题即使有公式，但公式太繁，人们宁可不用它，而改用算法。譬如，一元三次方程有求根公式，也就是著名的卡尔达诺公式，历史上，这个公式曾经引起过关于发明权的重大纠纷。可一元三次方程求根公式很繁，人们都不愿意用它，宁可利用方程的近似解法。这些近似解法，常常都涉及一套算法。

算法可以演变为一套可以重复操作的"程序"，程序又可以用框图表示出来。这在计算机科学中已经用得十分普遍了。

让我们再看一个例子：两个小孩和一队士兵同在小河的南岸，小河中只有一只小船。小船容量有限，每次只能载一个大人或两个小孩。请问：这两个小孩能不能帮助这队士兵渡过河去？

解：两个小孩先划船过河。然后一个小孩划船回南岸。这时，一个士兵可以乘船过河去，空船由另一个孩子划回来。

两个小孩再过河，一个回来，然后一个士兵过河去，另一个小孩回南岸。

……

最终，两个小孩可以将整队士兵运过河去。

这种算法可以被编成框图（图1）。

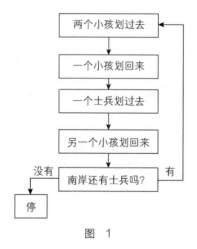

图 1

近年来，计算机已被应用于定理的证明。我们知道，几何定理的证明没有固定模式，技巧性较强。而计算机证明定理就是利用一套算法，将证明点和线间的位置关系、度量关系转化为计算（尽管计算量很大），使灵活的证明变为机械、刻板的计算。我国的吴文俊和张景中教授在计算机证明几何定理方面处于世界领先地位。

为了一斤水

在学校的小农场里,小红与小兰正在忙着。

"小兰,配制这些农药需要 1 斤水。"小红说。

"我去弄水。"小兰一边说,一边拔腿就走。可走了两步,她就停下了:"哎!今天是星期天,到哪里去找秤呢?"

过了一会儿,小红突然开了腔:"有了!你看,这里有一个小桶和一个罐子。我知道小桶可装 8 斤水,罐子可装 5 斤水。用它们倒来倒去,或许能倒出 1 斤水来。"

"对了!我们来合计合计。"

她们两琢磨了一会儿,终于完成了任务。读者朋友,你知道她们是怎样倒的吗?

我们把问题重复一遍:一个小桶可装 8 斤水,一个罐子可装 5 斤水,水可以从河里取,怎样利用这两个容器量出 1 斤水来?方法如下(表1)。

表 1

小桶	罐子
8	0
3	5
3	0
0	3
8	3
6	5
6	0
1	5

第一步:把小桶盛满。
第二步:把小桶里的水注满罐子。
第三步:把罐子里的水全部倒掉。
第四步:把小桶里的剩水全部倒入罐子。

第五步：把小桶再次盛满。

第六步：把小桶里的水注满罐子。

第七步：把罐子里的水全部倒掉。

第八步：把小桶里的水注满小容器，于是，小桶里得到了 1 斤水。

算到这里，你可能没有发现，倒来倒去的过程主要是做了两次除法。你看，从第一步到第三步，可列成算式 $8 \div 5 = 1$ 余 3。得数表示倒掉罐里的 5 斤水，还剩 3 斤水。第四步是把剩下来的水换了容器。第五步，罐里添了新水，两个容器就共有水 $8 + 3 = 11$ 斤。第六步到第七步又是除法：$11 \div 5 = 2$ 余 1。好了，倒掉两次 5 斤水以后，余数恰好是 1。

我们这就找到了解题的规律：应用小容器的容积去除大容器的容积，看看余数是否符合题意。不符合的话，再用大容器去舀水，再除，最后找到符合题意的余数。

不信的话，我们还可以再做一道题，证实一下。

水缸里装着很多水，大容器能装 35 斤水，小容器能装 8 斤水，怎样利用两个容器取出 1 斤水？

$$解：35 \div 8 = 4 \ 余 \ 3,$$

（从大容器里倒掉 4 次 8 斤水，余 3 斤，倒入小容器。）

$$3 + 35 = 38,$$

（把大容器注满，这样，大、小容器共有 38 斤水。）

$$38 \div 8 = 4 \ 余 \ 6,$$

（从 38 斤里倒掉 4 次 8 斤水，余 6 斤，倒入小容器。）

$$6 + 35 = 41,$$

（把大容器再次注满，大、小容器共有 41 斤水。）

$$41 \div 8 = 5 \text{ 余 } 1,$$

（从 41 斤水里倒掉 5 次 8 斤水，余 1 斤。）

把这几个算式归纳一下，就是用大容器舀了 3 次水，从小容器中倒掉 13 次水，最后剩 1 斤水。即

$$35 \times 3 \div 8 = 13 \text{ 余 } 1。$$

对于这类题，我们现在用的方法是带有尝试性质的。在数学里有一套完整的方法可以遵循，不过要注意，在这两道题里，两个容器的容积是互质数。也就是说，只要两个容器的容积是互质的整数，必定可以利用两个容器倒出 1 斤水；如果两个容器的容积不是互质数，就会整除，余数为 0，就不可能得到 1 斤水。

反推算法有奇效

先看下面的这道有名的算术题。

一位农妇拿了一篮鸡蛋去市场出售，不多时就卖完了。邻人问她："你一共卖掉了多少鸡蛋？"她答道："一共有 4 个顾客前来买鸡蛋。第一个顾客买了所有鸡蛋的一半多半个，第二个顾客买了余下鸡蛋的一半多半个，第三个顾客又买了余下鸡蛋的一半多半个，第四个顾客也买了余下鸡蛋的一半多半个。这时，篮中鸡蛋恰巧卖完。"

问：农妇原有多少鸡蛋？

在没有学方程之前，老师总教大家用倒算的办法来解这道题。第四个顾客买了余下鸡蛋的一半多半个之后，篮中鸡蛋恰巧卖完，这说明，这半个鸡蛋正巧是当时篮中鸡蛋数的一半。也就是说，在第四个顾客买蛋之前，篮中有 1 个鸡蛋。

接着再分析第三个顾客。第三个顾客买了篮中鸡蛋的一半多半个之后，篮中剩 1 个蛋，这说明，这一个蛋再加半个，应该是原有鸡蛋数的一半。所以，在第三个顾客买蛋之前，篮中有 3 个蛋。可知，类似地，在第二个顾客买蛋之前，篮中应该有蛋

$$(3 + 0.5) \times 2 = 7（个）。$$

在第一个顾客买蛋之前，篮中应该有蛋

$$(7 + 0.5) \times 2 = 15（个），$$

即农妇原有 15 个鸡蛋。

这是一种被称为"倒算"或"反推"的思考方法。利用反推方法有时也可以出奇制胜。

美国著名科普作家马丁·加德纳著的《啊哈！灵机一动》中有这么一道题：

鲍勃驾车追前面的一辆大卡车。大卡车的速度为 65 千米每小时，鲍勃的车的速度为 80 千米每小时。现在，鲍勃的车落在卡车后面 1.5 千米。鲍勃问同车的海伦，当他驾车追及大卡车的前一分钟，两车相距多远？

这个问题可以用代数方法算，但如果从反推角度思考，这道题可以解得更简捷。

卡车的速度为 65 千米每小时，鲍勃的车的速度为 80 千米每小时，速度差为 15 千米每小时，即 250 米每分钟。因此在追及卡车前一分钟，两车相距 250 米。原来，题中"鲍勃的车落在卡车后面 1.5 千米"这个条件是多余的。

再看第三个例子：

在五角星的各交叉点上放棋子。在放的时候，要求从某一点出发，沿着直线数三个交叉点，在第三个交叉点上放一个棋子。但第一个及第三个交叉点必须原先是没有棋子的（图 1）。

图　1

你最多能放几个棋子？

在这个游戏中，一般人只能放 7~8 个棋子，其实，最多可以放 9 个棋子。

如果要把棋子放到 C 的位置上，那么它必须是沿着某直线数 1、2、3 的终点，而且起点处不能有棋子。譬如，如图 2 中这样数 1、2、3，起点事先是没有棋子的。所以，看来必须先放好 C 处的棋子，再去考虑放 A 处的棋子。

而在 A 处放棋子，也要数 1、2、3，譬如图 3 那样数，此时要求 E 处事先没棋子。所以，看来必须先放好 A 处的棋子，再去考虑放 E 处的棋子。

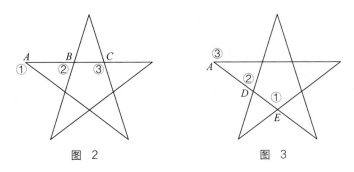

图 2　　　　　　　图 3

以此类推，这样我们就得到一个解决问题的方案：

第一个棋子可以随意放，当然它是数 1、2、3 的结果；

从第二个棋子开始，就要放在上一轮中数 1 的地方，当然它也是数 1、2、3 的结果，即把上一轮的起点作为后一轮的终点；这样放，可以最大限度地把棋子一一放置在各交叉点上。

请看第四个例子：

一班战士共 11 人，其中老战士 6 人，新战士 5 人，要穿过一道封锁线。要求全班战士在行进时成单列前进，当前面两个战士越过封锁线后，第三人需返回报告，并排在队尾。接着，第四、第五两人穿越，第六人返回排在队尾……为了穿过封锁线后能更好地协同作战，还要求全体战士在穿过封锁线后成新老战士一一交叉的队形。

问：队伍在穿越封锁线前，该排成怎样的队形？

11 人穿越封锁线，按三人一组，排在第一、第二、第四、第五、第七、第八名的 6 个人穿过后，余下两个战士（第十和第十一人）不成一组，尾巴上又接上了退下来报告工作的 3 个人，这算第一阶段。在这个阶段里，6 人穿越封锁线，余 2 人，退下来 3 人（第三、第六和第九人）。

第二阶段是 5 人待穿封锁线。按三人一组，2 人穿了过去，留下 2 人，退下来 1 人。

第三阶段是 3 人待穿越封锁线，正巧穿过 2 人，退下来 1 人。

第四阶段是 1 人穿越封锁线，这当然可以顺利地解决。

现在要求士兵在穿过封锁线后排成老新交叉的队形，所以，我们可以设 A_1、A_2……A_6 为老战士，B_1、B_2……B_5 为新战士，穿越封锁线后的队形成

$$A_1 、 B_1 、 A_2 、 B_2 、 A_3 、 B_3 、 A_4 、 B_4 、 A_5 、 B_5 、 A_6 。 \tag{1}$$

下面我们从第四阶段开始，倒过来分析。第四阶段是 1 个战士穿越封锁线，穿过以后当然排在(1)的末尾，所以，第四阶段穿过封锁线的必是 A_6。

而在第三阶段中，3 人待穿封锁线。前 2 人穿过，第三人退下来。退下来的是 A_6，前 2 人必是排在(1)的倒数第三、倒数第二名的人，即 A_5、B_5。所以，第三阶段待穿封锁线的队形成

$$A_5、B_5、A_6。 \qquad\qquad (2)$$

第二阶段有 5 人待穿封锁线。前 2 人穿过（他们应是(1)中的倒数第五、倒数第四名的人，即 A_4、B_4），第三人退下，排在余下的两人之后。可见，(2)中前 2 人是余下的，最后 1 人是退下来的，也就是 A_6，应在待穿队形的第三个位置上。即第二阶段的待穿队形成

$$A_4、B_4、A_6、A_5、B_5。 \qquad\qquad (3)$$

第一阶段待穿 11 人。穿过的 6 人当然是 A_1 和 B_1、A_2 和 B_2、A_3 和 B_3。退下的 3 人应排在留下的 2 人之后，所以(3)中的 A_6、A_5、B_5 是第一阶段中退下来的战士。所以，待穿队形应是

$$A_1、B_1、A_6、A_2、B_2、A_5、A_3、B_3、B_5、A_4、B_4。$$

即新老战士应事先作如下安排：

老、新、老、老、新、老、老、新、新、老、新。

反推或倒算，不失为一种巧妙的方法。

数学"筛子"

近年来的考试中时兴选择题。所谓单项选择题，就是在几个选项中有且只有一个是正确的。对于这类选择题，我们常用所谓的"排除法"来解，也就是把不符合要求的几个选项排除掉，余下的那一个就无须多做考虑，它必定是正确的。

这种思想方法很重要，也是数学中常用的。剖析一下，这种方法的特点是从总的范围中扣除不符合要求的部分，从而求得符合要求的部分。这种方法好像农民手中的筛子，把筛子中的灰尘、细沙筛去，余下的就是我们所需要的谷粒。所以，这类方法可以统称为筛法。

早在古希腊时代，数学家应用筛法就有了成功的例子。约公元前 200 年，厄拉多塞首创并运用筛法，制造出有史以来的第一张素数表。他采用的方法是这样的：先列出 1 至 100 的全部整数。然后从中筛去合数和 1，余下的就是素数了。

筛去 1 不会有问题，但合数该怎么筛去呢？

合数无非是 2 的倍数、3 的倍数、5 的倍数，等等，所以只要把它们一一筛去就可以了。但是筛到何时为止呢？

考虑到 100 以内的合数 n 总可以分解为两个整数的积。而且，这两个整数中至少有一个不大于 10（倘若两个整数都大于 10，其积就大于 100 了）。也就是说，100 以内的合数总是 2、3、5 或 7

的倍数，不必无限制地筛下去。

在表 1 中，1 未列入，用"/"删去 2 的倍数，用"\"删去 3 的倍数，用"○"删去 5 的倍数，用"□"删去 7 的倍数，余下的就是 100 以内的素数。

表　1

	2	3	4	5	6	7	8	9	10
11	12	13	14	15	16	17	18	19	20
21	22	23	24	25	26	27	28	29	30
31	32	33	34	35	36	37	38	39	40
41	42	43	44	45	46	47	48	49	50
51	52	53	54	55	56	57	58	59	60
61	62	63	64	65	66	67	68	69	70
71	72	73	74	75	76	77	78	79	80
81	82	83	84	85	86	87	88	89	90
91	92	93	94	95	96	97	98	99	100

所以，在 1 和 100 之间的素数有 25 个，它们是 2、3、5、7、11、13、17、19、23、29、31、37、41、43、47、53、59、61、67、71、73、79、83、89、97。值得注意的是，表中有些数既是 2 的倍数，也是 3 的倍数，甚至还是 5、7 的倍数，这种情况只要筛一次就可以了。

为了使筛选更快速、简便，数学家们对筛法做了不少研究和改进。就拿筛选素数来说，在 20 世纪 20 年代，先后出现了布朗、辛达拉姆、洪斯伯格的三个新筛法，打破了厄拉多塞筛法"一统天下"的局面。筛法还被应用于其他数学问题，陈景润在研究哥德巴赫猜想时就用到了筛法，并被人们公认为创造性地运用筛法的典范。

再谈密码

关于密码的笑话

我们先讲两个关于密码的笑话。

第一个笑话："大嘴巴"在手机上收到一条短信："002291、000524、002467、002582。"这条短信被"小眼睛"偷看到了。"小眼睛"一看便知这是股票代码,心里寻思:有人给她推荐股票?于是,他查到相应的股票名称如下,

002291 佛山星期六鞋业公司,

000524 东方宾馆,

002467 二六三网络通信股份有限公司,

002582 好想你枣业公司。

"小眼睛"看看 K 线图,这几只股没啥好的啊!再查查基本面,这些公司也没有大的业绩啊。他想了老半天,反复念叨着:"星期六、东方宾馆、263、好想你……"他突然恍然大悟,这是密电码啊!好啊,你个"大嘴巴",你要和谁约会去?

第二个笑话:大叔背了一袋大葱,到酒店去吃饭。刚坐下,他就掏出手机问服务员:"这里有 Wi-Fi 吗?"

服务员整了整自己的苏格兰小花裙,回答说:"有啊。"

大叔又问："那 Wi-Fi 密码是什么？"

服务员说："LYP82NLF。"

大叔说："咋这么难记？"

服务员笑答："好记得很，就是'来一瓶 82 年拉菲'，这不就记住了吗？"

大叔一边念"来一瓶 82 年拉菲"，一边输入密码 LYP82NLF。刚输完，另一位服务员就来问："能打开了吗？"

大叔以为他问自己 Wi-Fi 能不能打开，于是说："能打开了。"

只听"嘭"的一声，大叔吓了一跳。

服务员笑着说："您的 82 年拉菲，三万二千元，已替您打开了，谢谢！"

公开的密码

我们来介绍一种公开的密码。密码，顾名思义旨在保密，怎么可以公开呢？但是，现代保密通信专家确实发明了一种"公开"加密密钥的密码体系。它是由迪菲和赫尔曼于 1976 年首先提出的，至今不过几十年。

这种公开密钥的密码体系的基本思想是这样的：每一个通信方都有一个加密密钥和一个解密密钥；加密密钥是公开的，而解密密钥是严格保密的，只有持有者本人才知道。如果甲要发送某个消息 P 给乙，甲首先要在公开的密钥表中查到乙的加密密钥 f，

然后将明文 P 加密成密文 $f(P)$，并发送给乙。乙在收到密文 $f(P)$ 之后，用只有他自己知道的解密密钥，将密文还原成明文 P。

在传统的密码学中，如果加密密钥被第三者掌握，那么解密密钥也随即被知道了。而在公开密钥的密码体制中，加密密钥与解密密钥不相干，即使知道了加密密钥，也无法破译密文。

目前使用的公开密钥的密码体制有两种，一种叫"背包式"，一种叫"RSA 式"。

1977 年，默克勒与赫尔曼合作设计了背包算法。该算法之后被运用到密码界，形成了多种背包式加密算法。背包式密码体制与数学中的"背包问题"有关。所谓"背包问题"是这样的：一个旅行者的背包容积为 M，他有若干件物品，容积分别为 a_1，a_2，$\cdots$，a_n，背包容不下所有物品，为此，他要从中挑选出若干件物品装进背包。问怎样挑选，才能使背包装得无空隙？

人们至今还没有找到一般的背包问题的完整解法，但简单的类型还是不难求解的。例如，背包容积为 14，物品容积 $a_1 = 1$，$a_2 = 3$，$a_3 = 5$，$a_4 = 10$，$a_5 = 21$，那么，我们挑出 a_1、a_2、a_4 三件物品装进背包里就可以了。如果把挑出的物品记为 1，挑剩的物品记为 0，那么依次可得 11010，这个二进制数就是这个背包问题的解。

我们可以把 11010 看作一个信息（明文），把其中的 1 和 0 依次与 $a_1 = 1$、$a_2 = 3$、$a_3 = 5$、$a_4 = 10$、$a_5 = 21$ 相乘后相加，其和为 14。这个过程可以被看作加密，所得的结果 14 可以被看作密文。如果第三者截得了密文 14，也知道了 a_1，a_2，$\cdots$，a_5 这一组数值，那么他很快可以求得 11010 这一个二进制数（明文），因为这只是解一个简单的"背包问题"而已。这种方式的编码方法没有什么价值。为此，密码专家在此基础上做了点儿手脚。譬如，对上面的 a_1, a_2, $\cdots$, a_5 中的每一个数都乘以 7，取积；或者，如果积大于 45，则再除以 45，取余数。这时，得数分别是 $b_1 = 7$，$b_2 = 21$，$b_3 = 35$，$b_4 = 25$，$b_5 = 12$。然后将明文 11010 中的 1 和 0 分别依次与 b_1, b_2, $\cdots$, b_5 相乘后相加，得到的结果为 53（密文）。这样一来，b_1, b_2, $\cdots$, b_5 就成了加密的密钥，密钥是可以公开的。即使第三者截获了密文 53，也查到了 b_1, b_2, $\cdots$, b_5，仍然难以求出明文 11010，因为这是个难解的一般"背包问题"。但是，收信人乙利用只有自己知道的 7 和 45 这两个数（解密密钥），可以轻而易举地将 b_1, b_2, $\cdots$, b_5 还原成 a_1, a_2, $\cdots$, a_5，将 53 还原成 $M = 14$。再利用 $M = 14$ 和 a_1, a_2, $\cdots$, a_5 求出明文 11010。

RSA 是一种加密算法。1977 年，罗纳德·李维斯特、阿迪·萨莫尔和伦纳德·阿德曼三个人一起提出了这种体系，RSA 就是他们三人姓氏开头字母的组合。RSA 体系涉及整数的分解。至今，对于很大的整数，我们还没有一套能够将它们分解为素数的积的办法。RSA 体系正是利用这一点设计的。

RSA 体系的基本思想是这样的：取两个素数（一般应该取很大的素数，譬如六七十位的素数。这里为简便起见，素数取得很小），假定这两个素数是 $p = 5$，$q = 11$。将它们相乘，得 $n = 55$。然后，算出

$$l = (p-1)(q-1) = 40。$$

再取一个与 l 互质的数 e，譬如 $e = 7$，n 和 e 就可以作为加密密钥公开。

如果发信人甲要将明文"3"告诉收信人乙，那么，甲就可以利用乙的加密密钥 $n (= 55)$、$e (= 7)$ 加密。加密方法是这样的：求出 3 的 $e (= 7)$ 次幂，再除以 $n (= 55)$ 得到余数 42。这个"42"就是密文。乙在收到"42"之后，利用只有自己知道的解密密钥 $d = 23$ 解密。解密方法是这样的：求出 42 的 $d (= 23)$ 次幂，再除以 $n (= 55)$，余数是 3（明文）。

如果第三者收到密文 42，即使他查出乙的加密密钥 n 和 e 也无法破译密码。因为解密要用到 $d (= 23)$，而求 d，必须要将 n 分解为 p 与 q 的积，要知道，n 是几百位的大数，要将它们分解谈何容易！所以，第三者只能对着公开的大数 n"望数兴叹"。

科学工作者预计，大整数分解问题在几十年内难以解决，所以 RSA 体系或许可以通用一段时间。人们原先以为一般"背包问题"难以解决，所以"背包体制"是保险的。但是有消息说，背包体制也是不安全的。真是有"矛"必有"盾"，"矛"进步了，"盾"也不能一成不变。

奇偶校验

铺瓷砖

浴室里的一面墙上原铺着 40 块 1×1 的正方形瓷砖（图 1）。这些瓷砖已经破损了，需要重新更换。可惜，建材商店目前没有这种正方形的瓷砖，只有 1×2 的长方形瓷砖。如果我们购买 20 块 1×2 的瓷砖，能不能将墙壁重铺呢？

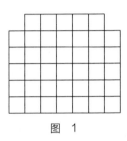

图 1

粗粗地考虑一下，这似乎是可行的。原先铺 40 块 1×1 的瓷砖，现在改铺 20 块 1×2 的瓷砖，面积一样，看来是可行的。但是，你试一试就会发现，怎么铺也不行。这里面有什么奥妙呢？

我们把图 1 中的 40 个格子涂上颜色，使格与格黑白相间（图 2）。再数一数，有 21 个黑格、19 个白格（也可涂成 21 个白格、19 个黑格）。而一块 1×2 的长方形瓷砖总能且只能盖住一个黑格和一个白格，这样最

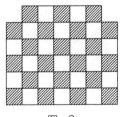

图 2

多只能铺 19 块 1×2 的长方形瓷砖，剩下的 2 个黑格（或 2 个白格）无法铺盖。所以，用 20 块 1×2 的长方形瓷砖永远不能铺满图 1。

再体会一下这一思考问题的方法，我们会从中发现那些带有普遍性的东西。

如果两个整数都是奇数，或都是偶数，那么我们称这两个数具有相同的奇偶性；如果两个整数一个是奇数，一个是偶数，那么我们就称这两个整数有相反的奇偶性。在上面的问题中，黑格、白格就如同奇数、偶数一样。我们可以认为，同色的两个格子具有相同的奇偶性，不同色的两个格子具有相反的奇偶性。

显然，一块 1×2 的长方形瓷砖能且只能盖住具有相反的奇偶性的两个相邻方格。在我们设法把 19 块 1×2 的长方形瓷砖铺好之后，余下的两个方格能不能用一块 1×2 的长方形瓷砖铺上，则取决于这两个方格的奇偶性是否相同。由于余下的两个方格具有相同的奇偶性，因此第 20 块 1×2 的长方形瓷砖无论如何都是无法铺上去的。

这种用奇偶性对问题做出分析判断的思想方法叫"奇偶校验法"，在铺砌理论（属于组合几何学）和其他领域中都有用处。1957 年，物理学家李政道和杨振宁因推翻了"宇称守恒定律"而获得了诺贝尔物理学奖，他们的研究中也用到了这一思想。

数学魔术

有位魔术师表演了这样一个魔术。首先，魔术师在桌面上撒下一把 1 元硬币。然后他转过身去，叫观众把硬币一对一对地翻转，再用一只手掌盖住一个硬币。魔术师转回身子，马上可以说出观众掌下的硬币是币值朝上还是花样朝上。

这里有什么诀窍呢？原来，魔术师撒出一把硬币后，迅速地数了一下币值朝上的硬币是奇数个还是偶数个（不妨假设是奇数）。我们把币值朝上为奇数个的局面叫作奇数性局面，把币值朝上为偶数个的局面叫作偶数性局面。不难弄懂，当我们一对一地翻转硬币时，奇数性局面仍是奇数性局面，偶数性局面仍是偶数性局面。所以，魔术师在转回身时，只要数一下观众手掌外的币值朝上的硬币是奇数个还是偶数个就行了。如果是奇数个，那说明观众手掌下的硬币币值朝下；如果是偶数个，那说明观众手掌下的硬币币值必定朝上。

你看，无须知晓币值朝上的硬币具体有多少个，也不必偷看观众究竟翻转了几对硬币。总之，这里舍弃了具体的计算和具体的数目，只关心币值朝上的硬币是奇数个还是偶数个，即只关心奇偶性，就可以很快地做出判断。这是因为奇数和偶数都具有非此即彼的特征，而这种非此即彼的特征，正是奇偶校验法的精髓。

另一个"数学魔术"也很有意思。请你在一条迂回曲折的不自交的封闭曲线内随意画上一点，我可以很快地说出这个点是在封闭曲线内，还是封闭曲线外（图3）。

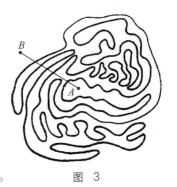

图　3

要知道，由于曲线迂回曲折，要很快做出这样的判断是不容易的。不知内情的人，不看得眼花缭乱才怪呢！

那怎么才能很快地判断图 3 中的 A 点是在封闭曲线内还是封闭曲线外呢？我们可以先在封闭曲线外画 B 点，连接 AB，数一下 AB 与曲线有几个交点。如果有奇数个交点，则 A 点在封闭曲线内；如果有偶数个交点，则说明 A 点在封闭曲线外。图 3 中的 A 点与曲线有 5 个交点，所以 A 点在封闭曲线内。

货郎担问题

1946 年，第一台电子计算机诞生了。这个"新生儿"可厉害，占地 170 平方米，总重量 30 吨，耗电功率约 140 千瓦，的的确确是个庞然大物。

1981 年，这台电子计算机已经 35 岁了，尽管年龄不算大，但它已老态龙钟。美国宾夕法尼亚州为了庆祝世界上第一台电子计算机诞生 35 周年，特地举办了一个别出心裁的庆祝会：让这台计算机和当时只值几美元的袖珍计算器比赛，结果袖珍计算器获得全胜。全场为之欢呼，这件事充分反映了计算机发展之快。

当时的电子计算机速度仅是每秒运行 5000 次加法，今天的计算机的速度达到每秒运行几亿次加法。有人会说："这么快啊，那还有什么问题算不出来？"当然，这是编辑好程序的情况。

事情没有想象的那么简单。让我们来看一个"货郎担问题"。

一个货郎想要走遍某个地区的 n 个村子，应该如何设计路线，使所走的路程最短？

这个问题看起来那么通俗易懂，当然有大大小小的路将 n 个村子联系起来，所以货郎可以沿多种路线走遍 n 个村子，现在要从中选出最短的一条路线。你懂吧？谁都能听懂。

这个问题的解法也看起来十分简单：把每一条路线的长度都算出来，比较一下不就可以找出最短的路线了吗？是的。但是，要知道，当村子数量少时，这样的算法问题不大；但村子数量一多，算起来的复杂程度难以想象。

假定货郎从 n 个村子中的某个村出发,他可以去任意一个村,所以第二站有（$n-1$）个选法；选定第二站之后，第三站可以有（$n-2$）种选法……走遍 n 个村的路线总共有

$$(n-1)(n-2)\cdots 2\times 1 = (n-1)!$$

条。

这个"$(n-1)!$"有多大？我们假定 $n=10$，这时，

$$n^2 = 10^2 = 100,$$
$$n^5 = 10^5 = 100\ 000,$$
$$n! = 10! = 3\ 628\ 800。$$

假定 $n=20$，这时，

$$n^2 = 20^2 = 400,$$
$$n^5 = 20^5 = 32\times 10^5,$$
$$n! = 20! \approx 2.4\times 10^{18}。$$

假定 $n=30$，这时，

$$n^2 = 30^2 = 900,$$
$$n^5 = 30^5 = 2.43\times 10^7,$$
$$n! = 30! \approx 2.6\times 10^{32}。$$

可见当 n 很大时，比起 n^2、n^5 等幂来，$n!$ 的数值大得多。

如果我们拥有一台像我国的"银河"巨型计算机那样的计算机，每秒运算数亿次，在"滴答"的一瞬间做了 1 亿次运算——真是快得难以想象——那么我们让它来做 30! 次运算会怎么样呢？

一天有 86 400 秒，一年有 31 536 000 秒，就算 3.2×10^7 秒吧。每秒运算 1 亿次，1 年可执行 3.2×10^{15} 次运算。2.6×10^{32} 次运算要执行

$$(2.6 \times 10^{32}) \div (3.2 \times 10^{15})$$
$$\approx 8.1 \times 10^{16} \text{（年）。}$$

乖乖！运算速度这么快的电子计算机也要算大约 8 亿亿年。

这个货郎担问题用这样的办法不能算是解决了，因为它的计算太复杂了。这就引出了对计算复杂性的研究，这是计算机科学的一个分支。

如果把计算次数归结为 n^k（k 为常数）这一类式子，那么它就一定能算出。这种算法是有效的，或者说是"多项式的"，这类问题就叫"P 问题"。然而，一般"货郎担问题"也许不一定非得"笨"算不可，但目前人们还没有找到有效的算法。

一滴水看大海

有一次，学校老师们开大会，校长说，某某班的学生怎么怎么好，卫生评比怎么怎么优秀，学生怎么怎么团结友爱，所以这证明这个班的班主任好。一位老师在台下听了，嘀咕了一句：用三个例子怎么能够证明一个论断呢？这不是不完全归纳法吗？

在数学里，确实不允许用举例的办法来证明一条定理，这是几千年来人们遵循的思维规则。可是，我国的著名数学家洪加威在 1985 年提出了"用举例来证明数学定理"的见解。你一听可能会说，是不是搞错了？或者会说，这位数学家是不是假冒的？现在假冒伪劣的东西太多了。

洪教授的"例证法"是有道理的。在特定条件下，举合适的例子是能够证明一个结论的。我们常常说"一滴水看大海"，就是一种"例证"——用一滴水（例子）推测出整个大海的状况。譬如，在特定条件下，整个大海里的水都有相同的成分，那么检查一滴水的成分就可以得出关于整个大海的结论了。

再譬如，如果要证明

$$(x+1)(x-1) = x^2 - 1, \tag{1}$$

我们可以不用传统的方法，而通过举例证明：

$$当 x = 0 时，左 = -1 = 右，$$
$$当 x = 1 时，左 = 0 = 右，$$

当 $x = -1$ 时，左 $= 0 =$ 右，

所以，式(1)得证。

为什么只代入了三个数值，就可以断定式(1)是恒等式了呢？我们可以这样想，倘若式(1)不是恒等式，那么它可以被看作一个方程。注意，它是个二次方程。二次方程有且只有两个根，现在它有三个根，可见它一定是恒等式。

有人会说："我想得通这种例证，因为我实际上也在使用它。"但下面的观点就可能让你吃惊了。

对于式(1)，不必代入三个值，只要将 $x = 10$ 代入就可以了，因为

当 $x = 10$ 时，左 $= 99 =$ 右，

所以，式(1)是恒等式。

你一定会追问，这有什么根据？其实，这个证法是对的。如果式(1)不是恒等式，那么将它整理后，可得一个方程

$$ax^2 + bx + c = 0 。 \tag{2}$$

这里的 a、b、c 是可以精确地算出来的，但我们故意用估计的办法。我们可以估计出 a、b、c 都是整数，且绝对值都不超过 5，当 $x = 10$ 时，有

$$a \times 10^2 + b \times 10 + c = 0, \tag{3}$$

移项，取绝对值，

$$|100a| = |10b + c|$$
$$\leqslant 10|b| + |c|$$
$$\leqslant 55。$$

于是 a 必为 0，式(3)成了

$$b \times 10 + c = 0, \qquad\qquad (4)$$

移项，取绝对值

$$|10b| = |c| \leqslant 5,$$

可推出 $b = 0$，当然 c 也只能等于 0 了。a、b、c 都等于 0，所以式 (2)及式(1)必定是恒等式。由此可知，要证明一个式子是恒等式，只要举一个例子就行了，不过这个值要足够大。

说到例证法的价值，那可大了！我们知道，今天可以用电子计算机证明定理，而例证法在其中扮演了重要的角色。我们看一个例子。

证明 $\sqrt{2} - 1$ 是三次方程

$$x^3 + 3x^2 + x - 1 = 0 \qquad\qquad (5)$$

的根。

大家都会笔算的办法（利用根式运算），但电子计算机不会。电子计算机是把 $\sqrt{2} - 1$ 的近似值 0.414 或 $0.4142...$ 代入式(5)检验的。把 $0.414\ 214$ 代入式(5)左端，结果约等于 $0.000\ 002$。你能说 $\sqrt{2} - 1$ 是式(5)的根吗？或许它不是；但或许是，这个 $0.000\ 002$ 只是计算误差而已。

再精确些，把 $x = 0.414\,213\,6$ 代入式(5)，左端约等于 1.5×10^{-7}。还是无法断定 $\sqrt{2} - 1$ 是否是式(5)的根。再精确些，还是无济于事。计算机永远只会近似的数值计算。怎么办？请例证法这个重要角色登场吧！

将 $\sqrt{2} - 1$ 代入式(5)左端，一定得到形如

$$m - n\sqrt{2} \tag{6}$$

这样的式子，因为 $0 < \sqrt{2} + 1 < 3$，经过推算，可以估计出

$$|m - n\sqrt{2}| > 0.016。$$

而刚才算出

$$|m - n\sqrt{2}| \approx 0.000\,002 < 0.016，$$

所以式(6)一定等于 0。这个 0.000 002 是计算误差，所以 $\sqrt{2} - 1$ 是方程(5)的根。代了一个例子（ 0.414 214 ），就证明了这个结论，这就是例证法的威力。

洪加威小传

　　洪加威在 1955 年以优异的成绩考入北京大学的数学系，但他在职业道路上长期处于专业不对口的状态，他当过调查员、赤脚医生、美工……但是，他从没有放弃为科学献身的理想。1962 年，洪加威以优异的成绩考取了北京大学的研究生。有了如此难得的学习机遇，洪加威更加刻苦学习，毕业论文《关于 $p(kp + 1)$ $(kp + 2)$ 阶的单群》深受专家和导师的赞赏。然而天不遂人愿，他又被分回原单位工作，研究又被迫中断。

蝴蝶效应

疯牛病

2003 年，人们发现美国某个农场里的一头牛生了病——疯牛病，这似乎不值得大惊小怪。但是，这一头疯牛的病传染给了其他牛，导致整个养牛场的牛都得了疯牛病。接着，附近的养牛场里的牛也染上了这种病……最后，局势几乎不可收拾。牛肉是美国人主要的副食品，结果，不管牛肉产自哪里，美国人都不敢吃牛肉了。

这样一来，当年总产值高达 1750 亿美元的美国牛肉产业受到重大打击，与养牛业相关的 140 万名工人失业了。接下来，作为养牛业主要饲料来源的美国玉米和大豆业也受到波及。在美国，玉米和大豆是期货交易所里的主要商品，因此，玉米和大豆的期货价格大幅下跌。

在全球化的时代，这种恐慌情绪不仅造成美国国内餐饮企业的萧条，甚至扩散到了全球，导致至少 11 个国家宣布紧急禁止美国牛肉进口。

金融系统和国际贸易都"生了病"，这还了得！最终，这场疯牛病酿成一场不小的经济危机。

你看，一件区区"小事"，竟然引发了一场惊天动地的大事件。实际上，这样的事情在历史上出现过很多次。这类事件被一位美国气象学家洛伦兹上升到理论高度，他把这种现象叫作"蝴蝶效应"。

蝴蝶效应

故事发生在 1961 年的冬天，洛伦兹如往常一般在办公室操作气象计算机。要是在平时，他只需要输入温度、湿度、压力等气象数据，计算机就会依据三个微分方程式计算出下一刻可能的气象数据，从而模拟出气象变化图。而这一天，洛伦兹想更进一步了解某段气象记录的后续变化，他把某时刻的气象数据重新输入计算机，让计算机计算出更多的后续结果。

在 20 世纪 60 年代初，计算机还处在电子管时代，安装一台电子计算机得有一个硕大的房间，它真是个庞然大物。而且在输入数字时，先要在纸条上打孔……计算机处理数据资料的速度不太快。

在结果出来之前，他和友人一起喝了杯咖啡并闲聊了一阵。一小时后，结果出来了——洛伦兹目瞪口呆。与原资料相比，初期数据还差不多，越到后期，数据差异就越大，大到无法想象的地步。

友人问道："怎么啦？机器犯错误啦？"

可计算机是正常运转的。问题出在哪里？检查之后，他发现是自己输入的数据差了 0.000 127。差别很小啊，这细微的差异能造成天壤之别吗？

洛伦兹发现，误差会以指数形式增长，在这种情况下，初始阶段的一个微小的误差，随着时间的不断推移确实会造成巨大的差异。而在工作中，数据不可能没有误差，所以，他认为长期准确预测天气是不可能的。

洛伦兹后来说："一只南美洲亚马孙河流域热带雨林中的蝴蝶，偶尔扇动几下翅膀，可能在两周以后引起美国得克萨斯州的一场龙卷风。"蝴蝶引起龙卷风？听起来有点儿夸大其词，但这句话其实是有道理的：蝴蝶扇动翅膀的运动导致其身边的空气系统发生变化，并产生微弱的气流；而微弱的气流又会引起四周空气或其他系统产生相应的变化，由此引起一串连锁反应，最终导致其他系统发生极大的变化，甚至导致美国得克萨斯州出现龙卷风。

他论述，如果某个系统的初期条件差一点点，那么其结果会很不稳定，他把这种现象戏称为"蝴蝶效应"，这成了混沌学里的一个比喻。

为什么这种现象叫"蝴蝶效应"，而不叫"蜻蜓效应"或"蚂蚁效应"呢？据说，洛伦兹制作了一个计算机程序来模拟气候的变化，并用图像来表示，最后他发现，图像是混沌的，而且十  分像一只张开双翅的蝴蝶，于是便有了"蝴蝶效应"的说法。

1991 年，洛伦兹获得了京都基础科学奖。评奖委员给出了这样的盛评：洛伦兹对"确定性混沌"的发现影响了基础科学的众多领域，在人类对于自然界的认识上引发了自牛顿以来最大的变化。洛伦兹居然能和牛顿比肩，这个评价可真高啊！

一个数学例子

气象方面的例子对我们来说或许比较抽象，而社会、历史中的例子又像讲故事一样，缺少数据的支撑。那我们来看一个数学方面的例子——余切序列。

有三个数列（表1），首项分别是为 1、1.000 01、1.0001——注意，它们的差距很小很小，简直微不足道。每个数列的组成规律相同，即每一项都是前一项的余切，$a_{n+1} = \cot(a_n)$。我们用函数计算器可以轻松地算出每个数列的第二项、第三项……

表　1

项数	甲数列	乙数列	丙数列
1	1	1.000 01	1.0001
2	0.642 092 616	0.642 078 493	0.641 951 397
3	1.337 253 178	1.337 292 556	1.337 647 006
4	0.237 883 877	0.237 842 271	0.237 467 801
5	4.124 136 332	4.124 885 729	4.131 642 109
6	0.667 027 903	0.665 945 62	0.656 236 434
7	1.269 957 474	1.272 789 148	1.298 546 25
8	0.310 255 611	0.307 154 08	0.279 182 071
9	3.119 060 463	3.152 660 499	3.488 344 037
10	**− 44.373 437 96**	**90.348 130 06**	**2.767 389 601**
11	− 2.424 894 313	− 1.056 234 059	− 2.546 431 398
12	1.147 785 023	− 0.565 363 802	1.476 981 164
13	0.450 189 26	− 1.576 175 916	0.094 091 367
14	2.069 157 407	0.005 379 641	10.596 585 3
15	− 0.544 176 342	185.884 216 6	0.421 601 998
16	− 1.652 562 399	1.705 748 261	2.229 677 257

开始时，三个数列的差异不大。譬如，甲数列的第二项是 0.642 092 616，乙数列的第二项是 0.642 078 493，丙数列的第二项是 0.641 951 397，前九项的差距真的极其微小。但是，甲数列的第十项是 − 44.373 437 96，乙数列的第十项是 90.348 130 06，丙数列的第十项是 2.767 389 601，三个数列从这里开始产生了巨大的差距，最大的数达到 90 多，最小的数竟然是负数。怪吧？原本规律的数列竟然变得毫无规律、毫无道理。经过足够多项后，我们就可以将得到的数字看作随机、混沌的。这个例子看得见、摸得着，非常能说明"蝴蝶效应"中的问题。

数学隐身人：布尔巴基

关于西方数学教育的评价，仁者见仁，智者见智。

姜伯驹院士在访问美国时听了一节课。老师问："$\frac{1}{2}+\frac{1}{3}$ 等于多少？"一学生答："$\frac{2}{5}$。"老师犹豫了一下问："其他同学有意见吗？"学生齐答："没有。"老师竟然说："那好，就让 $\frac{1}{2}+\frac{1}{3}$ 等于 $\frac{2}{5}$ 吧！"好一个"相等"。

姜教授事后对那位老师说："你怎么把错误的方法教给学生呢？"想不到老师若无其事地答道："他们喜欢这样！"更有传说，有的美国学生虽然不会做 $7+8$，但是知道 $7+8=8+7$，而且懂得这是加法交换律。我们这里对 $7+8=8+7$ 这个问题稍加讨论。美国在 20 世纪末搞了一个"新数运动"，强调数学的结构，譬如加法交换律等，却完全忽视了生活中实实在在需要的运算，以致学生们的数学成绩一落千丈。最后，这场"新数运动"以失败告终。"新数运动"的指导思想是结构主义，而结构主义和一位名为"布尔巴基"的"数学家"有关。

1939 年，法国书店里摆上了一本新书，名为《数学原本 1》，作者是名不见经传的尼古拉·布尔巴基。此书就像一块小石子丢入水面，激起了一点儿小浪花，却没有引起人们的广泛关注。但是，随着每年一册《数学原本 2》《数学原本 3》……的面世，这套书慢慢引起了数学界的注意。数学家们纷纷打听：这位布尔巴基是谁？可谁也不知道。

数学界有很多关于他的传说。有人说，布尔巴基的先辈是 17 世纪克里特岛的爱国首领，在对土耳其的作战中屡立战功；到了拿破仑时代，他家又有先辈帮助过拿破仑夺取大权；第二次世界大战期间又流传着布尔巴基娶妻生子的消息，但谁也没有看到过他和他的妻儿。

直到 1950 年，布尔巴基在美国的一本重要杂志上发表了一篇文章，文中简单地说起自己——布尔巴基教授曾在波达维亚皇家学院供职，定居法国南锡。

数学界普遍认为，布尔巴基是一群数学家的共同笔名，但是人们一直没有弄清楚究竟是哪些数学家。这群人真古怪，写书用笔名很正常，但既没有必要保密，也没有必要制造假身世啊！

随着布尔巴基的成果不断出现，慢慢地，一些工具书把布尔巴基的名字列进来了。著名的《不列颠百科全书》介绍，布尔巴基是一个小组——这位数学"隐身人"其实是一个集体。但组成人员是哪几位？对此，仍然没有官方、权威的消息。

事后，你猜怎么着？百科全书的出版商竟然收到一封措辞严厉的信，寄信人不允许任何人质疑"他"的存在。自己造了谣，还要来辟谣，这不是"贼喊捉贼"吗？他们不仅辟谣，还实施报复。他们开始散布流言，比如说数学家 BOAS 并不存在，只是 B. O. A. S 的组合……

更有趣的是，在 1968 年竟然出现了一篇布尔巴基的讣闻："康托尔家族、希尔伯特家族……悲痛地奉告，尼古拉·布尔巴基先生已于 11 月 11 日在自己的庄园里逝世。定于 11 月 23 日（星期六）下午 3 点在'随机函数'公墓安葬。告别仪式在'科歇尔'广场的'直积'酒吧举行。按逝者意愿，由红衣主教'阿列夫 1'在'万用问题'圣母大教堂主持弥撒，所有'闭映射的等价类及纤维'代表出席……"由于讣闻中提到了很多数学家的名字和数学名词，外行人看了后云里雾里。只有数学界人士知道，这又是布尔巴基的恶作剧。不过，这是布尔巴基的最后一个玩笑了。

布尔巴基学派其实是由当时的一批法国年轻数学家组成的研究集体，该组织形成于 20 世纪 30 年代中期，主要成员先后有让·迪厄多内、安德烈·韦伊、昂利·嘉当、克劳德·舍瓦莱、洛朗·施瓦茨、亚历山大·格罗滕迪克和让－皮埃尔·塞尔等人。其中两人为沃尔夫数学奖得主，三人为菲尔兹奖得主。

他们组织在一起的起因是这样的：第一次世界大战时，法国的对手德国把科学家安排到技术岗位上，而法国把科学家直接送上了前线，结果不必说了。法国人真的亏大了，保卫祖国有多种办法，何必一律讲究"平等"呢？历史证明，不重视知识，总会付出代价。战争结束后，法国数学的地位明显衰落了。这群年轻人深感自己责任重大，于是组织起来奋起直追，以每年一册的速度写出《数学原本》系列，并赢得了极大的声誉。他们每年集会多次，讨论起来互相不留情面，争论起来面红耳赤，如同一群疯子在聚会。

布尔巴基的基本指导思想是结构主义。他们认为，全部数学基于三种母结构：代数结构、序结构和拓扑结构。30 余卷的《数学原本》中贯穿了这一思想。结构主义观点也曾在美国的"新数运动"中被一些中学教材奉为指导思想。由此可以看出，布尔巴基学派对数学界影响之深。

布尔巴基学派在 20 世纪 60 年代达到鼎盛时期，以后渐渐走了下坡路。对其持批评态度的人多了起来，例如，人们批评该学派过于形式化，忽视应用。学生只知道 $7 + 8 = 8 + 7$，却不知道 $7 + 8$ 等于几，这不是胡闹吗？

然而，一个科学团体能如此长期而有效地合作，在历史上似乎并不多见。开展布尔巴基运动的几位年轻人给后世留下了许多珍贵的精神财富，人们将永远记得他们的功绩。